実力養成！

3級 QC 検定®
合格問題集

品質管理検定®問題集

◇　単元ごとの演習で着実な実力向上

◇　詳しい解説で初学者でも安心！

◇　この一冊で合格できる！

工学博士
福井清輔　編著

弘 文 社

ま　え　が　き

本書は，品質管理の基礎知識に関して，一般財団法人日本規格協会および一般財団法人日本科学技術連盟が主催する品質管理検定（QC検定）®を受験される方々のために，品質管理の理論や手法を学ぶための適切な問題集を提供する目的で用意しました。

基礎からわかりやすく学習していただけるように編集してあります。

品質管理検定3級は4級の内容を含みながらも，さらに高度な内容となっていますが，本書はその範囲もカバーして学習できるようになっております。

多くの資格試験の合格基準は一般的に60～70%の正解率となっています。

品質管理検定も（年度ごとの問題の難易度により多少の合格基準の変動もあるようですが）おおよそ70%で合格です。100%の問題の正解を出さなければいけないというものではありません。

ですから，「問題をすべて解かなければならない」と思われる必要はありません。コツコツと着実に少しずつ解ける問題を増やしていきましょう。

本書を活用されて，多くの方が目標とされる品質管理検定の資格を取得され，就職活動などで活かしていただくのはもちろんのこと，所属されます組織の仕事においてもその実力を十分に発揮されますよう，期待しております。

著者

目　　次

もちろん
がんばって一気に
やってしまってもいいんですよ
急がず　あわてず
少しずつ

品質管理検定®受検ガイド

1．品質管理検定®の概要

品質管理検定®はQC検定®と略称されるもので，一般財団法人日本規格協会，および，一般財団法人日本科学技術連盟が主催しています。

この検定試験は，一般社団法人日本品質管理学会が認定しているもので，製品品質の改善，コストダウン，企業体質改善を目的として，日本の産業界全体のレベルアップを支援するために行われています。

社会人や学生を対象として，品質管理や標準化の考え方，その実施内容や品質管理手法に関して，筆記試験によって知識や能力のレベルを評価し，認定を付与するものです。その内容レベルが1級（準1級），2級，3級，および，4級に分かれています。この制度によって，個人のレベルアップに加え，企業の組織力の向上などが期待できます。なお，準1級は1級の1次試験（マークシート方式）の合格者です。

2．品質管理検定®の内容

区分	認定する知識・能力レベル	対象とされる人材イメージ
1級 (準1級)	・発生する様々な問題に対して，品質管理の面からの高度な解決能力を有していて，自ら課題解決を推進するレベル ・組織における品質管理活動のリーダー	・部門横断型の品質問題解決リーダー ・品質問題解決に関する指導的立場の技術者
2級	・発生する様々な問題に対して，QC七つ道具や新QC七つ道具を含む統計的手法を活用して問題解決にあたることができるレベル ・基本的な管理改善活動を自立的に行えるレベル	・属する部門の品質問題解決をリードできるスタッフ ・品質に関する部署の管理職やスタッフ
3級	・QC七つ道具および新QC七つ道具をほぼ理解して，リーダー等からの支援によって問題解決にあたることができるレベル	・職場の品質問題解決を行う全構成員 ・品質管理を学ぶ学生・生徒
4級	・組織の構成員として仕事の進め方や品質管理の基本的な基礎知識を理解するレベル	・初めて品質管理を学ぶ人 ・新入社員

3．級ごとの試験要領

区分	受検資格	試験方式	試験時間	受検料
1級	必要ありません（誰でも受検できます）	論述・マークシート方式	120分	11,000円程度
2級		マークシート方式	90分	6,500円程度
3級				5,000円程度
4級				4,000円程度

なお，関数電卓の持込みは許されておりません。一般電卓は可能です。

併願における受検料

併願する級	受検料
1級および2級	16,000円程度
2級および3級	10,500円程度
3級および4級	8,000円程度

※受検料は諸々の事情で変更される場合もあります。目安と考えて受検のつどご確認下さい。

4．合格基準

区分	全体の成績	科目ごとの最低基準		
		品質管理の手法	品質管理の実践	論述
1級	70%以上（年度の難易度により若干の変化あり）	50%以上	50%以上	50%以上
2級		50%以上	50%以上	−
3級		50%以上	50%以上	−
4級		−	−	−

5．試験日程

毎年だいたい3月と9月の2回行われています。

申込受付はその3～4ヶ月前になりますので，念のため各自早めに事前確認をしておいて下さい。

詳しくは，日本規格協会のホームページ（http://www.jsa.or.jp）をご覧下さい。

試験では，科目ごとに
50%以上を正解して
全体で約70%以上を正解すれば
合格なんですね

約30%を間違っても
合格というのは何だか
気が楽になりますね

本書の学習の仕方

品質管理検定に限りませんが，どの資格でもあきらめずにあくまでも続けて頑張ることが重要です。「継続は力なり」と言いますが，まさにその通りです。こつこつと努力されれば，たとえ遅くとも確実に実力がつきます。

頑張っていただきたいと思います。

本書はそれぞれの節の重要事項の後に，基本的な問題として**基本問題**を用意し，さらにその後に**標準問題**と**発展問題**を載せております。また，巻末には実際の QC 検定試験のスタイルに準拠した**模擬問題**も付けてあります。

これらを存分に活用いただけるとよろしいかと思います。本書の学習の方法につきましては，基本的に学習される皆さんが，ご自分の目的やニーズに合わせて，最適と思われる方法で取り組まれることが良いでしょう。

そのための目安として，本書では，各章の区分分野およびそれぞれの問題ごとに次のような重要度ランクを設けております。必要に応じて参考にして下さい。

項目

重要度　A：出題頻度がかなり高く，とくに重要なもの

重要度　B：ある程度出題頻度が高く，重要なもの

重要度　C：それほど多くの出題はないが，比較的重要なもの

試験によく出る重要問題

ごく重要!：出題頻度がかなり高く，とくに重要な問題

重 要!：ある程度出題頻度が高く，重要な問題

やや重要!：それほど多くの出題はないが，比較的重要な問題

これらの重要度は，相対的なものではありますが，時間のないときには高いランクのものを優先して取り組むなど，学習にメリハリをつけるために参考にしていただけるかと思います。

品質管理検定試験に合格される方は「約70%以上の問題を正解される方」です。合格されない方は，「約70%の問題の正解を出せない方」です。

合格される方の中には，「すべてを理解してはいなくても，平均的に約70%以上の問題について正解が出せる方」が含まれます。逆にいいますと，約30%は正解が出せなくても合格できるのです。多くの合格者がこのタイプといってもそれほど過言ではないでしょう。

合格されない方の中には，「高度な理解力をお持ちであっても，100%を理解しようとして途中で学習を中断される方」も含まれます。優秀な学力をお持ちの方で，受験に苦労される方が時におられますが，およそこのようなタイプの方のようです。

いずれにしても，試験勉強はたいへんです。その中で，最初から「すべてを理解しよう」などとは思わずに，少しでも時間があれば，一問でも多く理解し，一問でも多く解けるように努力されることがベストであろうと思います。

資格試験の学習の仕方

Q1 いつ頃から勉強したらいいですか？

A. 勉強を始めるのにいい時期というものはあるのでしょうか。よく言われますように，「学ぶのに遅いということはない」とか，「勉強する気になった時が，勉強を始めるのに一番いい時期だ」ということだと思います。せっかく，勉強する気持ちがあっても，「試験の3ヶ月前から始めるのが良いらしいから，今はやめておこう」などと思っていると，3ヶ月前になった時に勉強する気持ちが残っているかどうか疑問です。試験日と勉強開始時点との期間にはいろいろな長さがあっても，決して長すぎることはありません。続けていくうちに油が乗ってくることもあります。期間が長い場合には「細く長く」でもよいのですから，コツコツと続けることが大事です。

いつの試験を受けるか決めていない場合

人によって違いますが，この場合には，長い間少しずつ学習していかれることが良いでしょう。一日10分でも良いですから，特別な事情のある場合を除いて，途中でやめたり休んだりしないで続けられれば，かなりの実力がつきます。通勤や通学の電車の中でも良いですし，寝る前の短い時間でも良いです。とにかく毎日同じパターンで取れる時間に毎日続けることが大切です。本は，学習書でも問題集でも結構です。自分が気に入った本（一冊あるいは二冊程度）を繰り返し学習することで，しっかりした力がつくことでしょう。

試験まで半年程度の期間がある場合

半年でも学習期間としては十分です。QCの試験は原則として半年に1回の頻度で行われています。半年の間コツコツと日々欠かさず，毎日短い時間でも続けられればQC検定試験合格のための実力は確実に身につきます。やはり，学習書でも問題集でも構いません。同じ本を始めから終わりまで通して学習することを少なくとも3回以上繰り返せば，相当な力がつきます。始めの回は通読し，2回目は問題を解きながら，3回目は精読するなどと，勉強の内容に工夫を加えて続けられることもよい方法だと思います。

試験まで３ヶ月程度の期間がある場合

３ヶ月あれば決して短すぎることはありません。３ヶ月の間，キッチリと学習されれば必ずQC検定試験には合格できます。この場合は，問題付きの学習書でも結構ですが，できれば本番の試験に近い問題を集めた問題集などが良いでしょう。一冊の問題集をはじめから終わりまで繰り返し学習しましょう。まず，どんな問題が出るのかを通読します。実際に毎年かなり似た問題が出ています。次に読む時は問題の答えを考えながら，必ず考えた後で正解と照らし合わせます。更にその次の学習では解説を熟読します。試験直前にはもう一度問題を解きながら読みます。このように何度も学習される際に，その時の重点学習方針を変化させて取り組まれれば，飽きることを防ぎつつも自然に内容が身に付くことになるでしょう。

試験まで１ヶ月程度の期間がある場合

１ヶ月の間みっちり学習されればQC検定試験に十分合格する力が身につきます。計算問題や高度な理論などはあまり出てこない試験です。試験に近くなって時間を掛ければ掛けるほど合格可能性が高まります。毎回よく似た問題が出ますから，「よく出る問題」を徹底的に学習されれば十分です。勿論少しの時間も惜しんで問題文を読むこと，解説を読むこと，正解と照らし合わせることなどをこまめに続けることが必要です。このような作業を何度も何度も繰り返しましょう。試験は70%できればよいのです。30%は正解が出なくても合格なのです。

試験まで一週間程度の期間がある場合

試験まで「一週間も」あるのです。馬力を掛けて勉強されれば，QC検定試験の合格の可能性はそれなりに高くなります。極端な例ですが，３日間の勉強で合格された方もおられるくらいです。ただ，毎日長時間の学習をされる必要のあることは勿論です。まる一日学習できる日には，頑張って実際にまる一日学習しましょう。QC漬(づ)けの日々になりますが，人生の中でそういうことがたまにはあってもいいでしょう。よく出る問題の入った問題集を繰り返し学習します。なぜそういう答えになるのかが分からなくても，それを追求することなく正解を覚えます。理屈を追求する時間はないと考えましょう。少しの時間も無駄にせずに，問題集に取り組みましょう。馬力あるのみです。馬力で合格できます。

合格への近道は，完全を狙わないこと

よく，一つでも分からないことがあると先に進めない人がいます。つまり100点を取らなければ何もできなかった事と同じだと思ってしまう人です。完璧主義者と言ってもいいと思います。オール・オア・ナッシングという人です。

しかし，実際の資格試験は，そういうやり方では確実に不合格になります。最後まで勉強ができないからです。たいていの資格試験は60%の正解で合格です。100%正解する必要がないのです。勿論100%取れれば合格ですが，100%取ろうとして学習できずに途中であきらめてしまう人は「力があっても合格できない人」の典型です。

QCの試験では30%は間違ってもいいのです。およそ3問中2問の正解でいいのです。全部取ろうとして60～70%より手前で挫折する人は落第して，70%を理解する比率で最後まで学習した人は合格できるのです。

ですから，勉強中に少しくらい分からないことがあっても，それにこだわり続けないで，あまり心配し過ぎずに次に進みましょう。分かった箇所には○を付け，分からない箇所は△などの印をつけて，○の比率が3問中2問以上あれば心配はいらないのです。一ヶ所が分からないために途中でやめてしまうことが最も まずい学習法なのです。お分かりですね。

Q 2　勉強する気持ちを持続するには？

A. これはなかなか難しいテーマですね。人間はどうしても楽な方に流れやすい動物です。どんな大学者でも，いざ机に向かうという時には抵抗があるものらしいです。そういう抵抗に打ち勝って勉強を続けることはほんとうに大変なことです。しかしながら，そういう抵抗感があるのは当たり前としつつも，工夫によってそれに打ち勝っていくことを多くの方がなされていると思います。

気持ちを楽に持つことが大切です。人間あまり硬い気持ちになると勉強の効率も上がりません。それは次のような例からもうかがえます。食事をする時に楽しく食べた方が，唾液もよく出て胃腸での消化がよくなるというデータがあり，それによると，しかめっ面をしたり，泣きながら食事をすると，消化も悪くなるのだそうです。そのあたりは，勉強も同じなのではないでしょうか。

一番いいのは楽しく勉強できることです。そうすると勉強内容の消化もよくなり学習が非常にはかどります。しかし，たいていの場合，勉強はそれほど楽しいものではありませんね。それを何とか楽しくする工夫をしてみましょう。「この勉強は楽しいんだ」と自分に何度も言い聞かせることで自己暗示を掛けてみましょう。それで少しでも気持ちが楽になれば，それなりの効果が上がるのではないかと思います。

でも，それもなかなか…という人が多いと思います。別の方法として，「あと3問解けたら，買っておいたおいしいケーキを食べよう」というように別な楽しみを用意することも良いのではないかと思います。これなどは特に女性に効果があるかも知れませんね。いや，男性でも似たような工夫がありうるかも知れません。「よしっ，この問題が解けたら，冷やしてあるビールを飲もう」ということもあるのではないでしょうか。

大言壮語方式

何だか難しそうな言葉ですね。これも勉強の努力を続けるための一つの工夫です。「大言壮語」というのは，人前で大きなことを言うことです。つまり，「俺は，次の試験で品質管理検定に合格するんだ」とか「私は来年，QC 検定の資格を取るからね」と大勢の前で宣言するのです。

そうすると，みんなの前で言ってしまった手前，合格しなければいけないことになります。そのことが勉強を続ける推進力になってくれます。つまり，自分をそういう状況に追い込むために，みんなの前で宣言するのです。でもこれができる人はなかなかの大物ですね。しかし，自分は大物ではないと思っていても，「大物になる」ためにこういうことをやってみるというのもいいのではないでしょうか。「まず，形から入れ」と言われることの意味が何となく分かったような気がしますね。

Q3 勉強するための本は何冊買えばいいの？

A. 勉強するための本はあまり多くない方がいいと思います。極端に言えば一冊でも，それを繰り返し繰り返し学習すれば十分合格できます。学習書といわれるものでも，問題集であっても，どちらでも一冊を何回も学習すれば十分合格の実力がつきます。学習書にもたいていはかなりの数の問題が載っています。

しかし，「一冊では不安だ」という方もおられると思います。その場合は，学習書一冊とよく出る問題の詰まった問題集一冊との組み合わせがよいでしょう。問題集で分からない点やもっと詳しく知りたい点などを，学習書で調べるなどという風に両者を連携させて学習されることが効果的であろうと思います。

どんな参考書がいいのでしょうか？

QC 検定に関しては，現在，本屋さんの店頭には相当数の学習書や問題集が出版されています。しかし，それらの本のレベルはほとんど同じくらいであると言っていいと思います。あとは学習しようという方が，ご自分の感性で，つまり，店頭でパラパラとご覧になって，「見た目」で選んでいただいてよいのではないでしょうか。後は，その選ばれた本ととことん付き合うことが重要です。極端に言えば，どの本でも自分が第一印象で気に入った本を充分繰り返し学習することが合格への近道と言えるでしょう。

そうは言っても，沢山ある本の中からどれを選べばよいか，迷う方も多いかと思います。やはり勉強しやすい本とは，詳細な図解やイラストが多い本ではないでしょうか。人間は，文字だけから情報を得ることにはかなりのエネルギーを使うため，文字ばかりの本だと勉強が長続きしにくく感じるかもしれませんし，頭もとても疲れます。イメージ的，視覚的に情報をとらえる方が頭にスッと入りやすいものです。そういう意味では，図表やイラスト等の多い本が勉強には向いていると思われます。疲れた時のために息抜きの話題などが提供されている本などもよいでしょう。

勉強時間のひねり出し方

資格試験の準備のためには，ある程度の，あるいは，かなりの勉強時間が必要ですね。学生の方は比較的時間は取れると思いますが，社会人の方が時間をひねり出すことはかなり大変な場合が多いのではないでしょうか。

土曜日や日曜日などの休日を使うことが一般的かもしれませんが，毎日の帰宅後の夜の時間や早朝の時間を使っている方もおられると思います。

私の例ですが，私は通勤時間を利用していました。そう言っても満員電車の中ではとても何もできませんので，時差出勤をしていました。少し早い時間で確実に座ることのできる電車に乗りました。そうすることで，電車の中が私の書斎になりました。すると，会社に到着しても始業までの間に新しい時間が生まれてきましたので，これも勉強に当てることができました。

一般的に，時間をひねり出すことはなかなか難しいことですが，そういう中での工夫によって生み出せるものもあるかと思います。健康には気を付けて頑張っていただきたいと思っております。

第１章
品質管理概論

第１節　品質管理の基礎　重要度 A

・・●重要事項（よく見ておいて問題に挑戦しましょう）●・・

◆ 品質管理とは何か

企業をはじめとする各種の組織の目的は，お客様（顧客，ユーザー）の要求に合致した品質の製品やサービスを経済的に提供して社会に貢献することにあるとされています。この「各種の組織」には，近年ではお役所なども含むと考えられていますが，このような形でそれらの組織を運営することが広く求められるようになっています。これが品質管理の出発点です。また，「後工程はお客様」という言葉もあります。同じ社内であっても，後ろの工程はユーザーであるという考えも徹底されてきています。このような考え方も各工程での品質の作り込みに寄与していると言ってよいでしょう。

品質管理の定義は，「買い手の要求に合った品質の品物またはサービスを経済的に作り出すための手段の体系」とされています。そのために，「市場の調査，研究・開発，製品の企画，設計，生産準備，購買・外注，製造，検査およびアフターサービスならびに財務，人事，教育など企業活動の全段階にわたり，経営者をはじめ管理者，監督者，作業者など企業の全員の参加と協力が必要である」とも書かれています。

第1章

このような形で実施される品質管理を，通常は**総合的品質管理**（**TQC**, Total Quality Control, より最近では，より広くとらえて**TQM**, Total Quality Management）と呼んでいます。

◆ TQM（トータル品質管理）の目的

① お客様の要求に合致した商品（製品，サービス）を
② 経済的な形で提供する。

SQC（統計的品質管理，Statistical Quality Control）
TQC（総合的品質管理，Total Quality Control）
TQM（総合的品質マネジメント，Total Quality Management）

統計的な原理と手法に基づく品質管理を，**SQC** (Statistical Quality Control) と呼ぶことがあります。

QC（品質管理）とQM（品質マネジメント）との関係について説明しますと，
・QC ：品質要求を満たすことに絞った活動
・QM：品質に関して組織を指揮し，管理するための調整された活動で，一般に次の①～⑤を含みます。

① 品質方針および品質目標の設定
② 品質計画
③ 品質管理
④ 品質保証
⑤ 品質改善

また，QMをシステム（体系）としてみた時に，QMS（Quality Management System）ということもあります。

TQMとTQCとSQCの関係は次の図のようなものとなります。

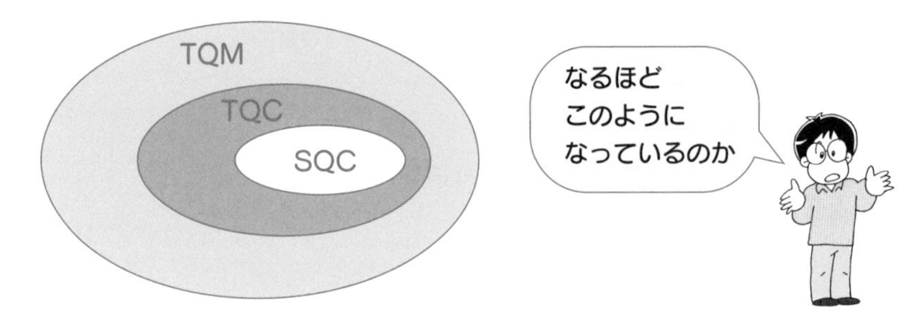

図1－1　TQM，TQC，SQC の間の関係

いずれにしても，TQM の展開は，お客様の要求を重視して，全員参加で，管理方法を継続的に改善して行うことが基本となっています。

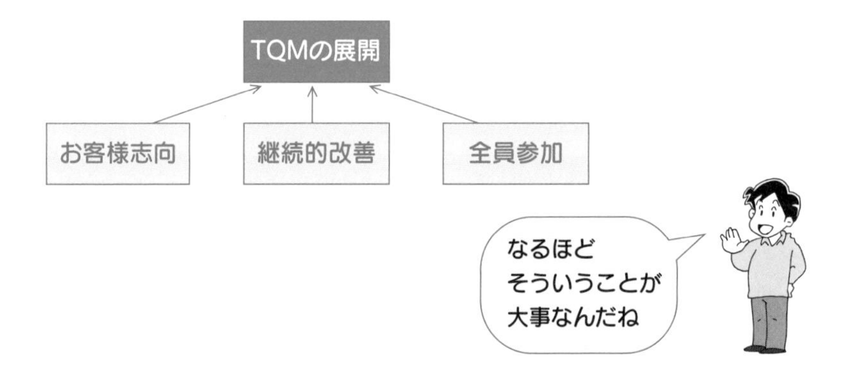

◆JIS と ISO

国際標準化機構（ISO, International Organization for Standardization）は，電気分野を除く工業分野の国際的な標準である国際規格を策定するための民間の非政府組織ですが，それが品質の国際規格として ISO 9000を定めています。これが，JIS（日本産業規格，Japanese Industrial Standards）にも反映されて，JIS Q 9000となっています。

グローバル化されている世界経済の中で，製品やサービスの自由な流通を促進するために，国際標準化機構は，企業などの組織の品質マネジメントシステムを第三者がこの規格に基づいて審査して登録する制度をつくっています。

ISO 9000の仲間には一連のシリーズのものがあり，複数形として ISO 9000 s と表現されています。ISO 9000ファミリー規格とも言われています。

◆ISO 9000ファミリー規格の例（ISO 9000の仲間）

規格の番号	その内容
ISO 9000	品質マネジメントシステム（基本および用語）
ISO 9001	品質マネジメント（要求事項）
ISO 9004	品質マネジメントアプローチ（組織の持続的成功のための運営管理）
ISO 19011	品質および／または環境マネジメントシステム監査のための指針

注）JIS ではこれらの番号に Q を付けて反映されています。（JIS Q 9001など）

◆品質マネジメントの７原則

組織のトップにとって必要となる原則です。以前の８項目に代わって，ISO 9001：2015で表の７項目になりました。

７原則	その内容
1．顧客重視	組織は，その顧客（お客様）に依存しているため，現在および将来の顧客ニーズを理解し，顧客要求事項を満たし，顧客の期待に添えるように努力すべきこと。
2．リーダーシップ	組織のトップたるリーダーは，組織の目的と方向とを一致させるべきこと。
3．人々の積極的参加	組織を構成するメンバー全員の積極的な参画によってその能力を活用すべきこと。
4．プロセスアプローチ	組織の活動と関連資源（原材料や用役等）とが好ましいプロセス（処理過程）として合理的に運営管理されることで，望まれる結果が効率よく達成されるべきこと。
5．改善	組織の総合的パフォーマンス（実行力）の継続的改善を組織のたゆまざる目標とすべきこと。
6．客観的事実に基づく意思決定	客観的事実（データや情報）の分析に基づいて，効果的に意思決定を行うべきこと。
7．関係性管理	組織および組織に対する供給者，並びに，組織が供給する相手は，相互に依存していて，両者の互恵関係（互いにメリットを受ける関係）を重視すべきこと。

試験によく出る重要問題

基本問題

【問題１】

次の用語の組のうち，左側の用語のほうがより広い概念を表す場合にはＡを，右側の用語のほうがより広い概念を表す場合にはＢを，必ずしも一方が広いわけではなく，ほぼ同等あるいは無関係である場合にはＣを記入せよ。

⑴　TQM–TQC　［⑴］

⑵　SQC–TQC　［⑵］

⑶　ISO 9000 s–ISO 9001　［⑶］

⑷　ISO 9001－ISO 14001　［⑷］

⑸　クオリティ・コントロール－クオリティ・マネジメント　［⑸］

【解答欄】

⑴	⑵	⑶	⑷	⑸

【問題１】

解説

⑴　TQMはTotal Quality Management（トータル・クオリティ・マネジメント），TQCはTotal Quality Control（トータル・クオリティ・コントロール）です。マネジメントのほうがコントロールよりもより広い概念として捉えられています。

⑵　SQCはStatistical Quality Control（スタティスティカル・クオリティ・コントロール）です。TQCの中にあって，統計的な手法に基づく品質管理を意味していますので，TQCよりも狭い概念ですね。

⑶　ISO 9000 sは最後に複数形を意味する「s」が付いていますので，ISO 9001やISO 9004などISO 9000シリーズに属するものを一括して含むものとなっています。ISO 9000 sのほうが広い概念です。

⑷　ISO 9001は品質マネジメントに関する要求事項，ISO 14001は環境マネジメントに関する要求事項で，分野が異なりますが，立場は対等です。一方が他方を含む関係ではありません。

⑸　これは⑴と左右が逆になっていますが話が同じですね。マネジメントのほうがコントロールよりもより広い概念ですね。

解答

⑴	⑵	⑶	⑷	⑸
A	B	A	C	B

標準問題

【問題２】

品質マネジメントには次の選択肢の中のどの要素からなっているとされているか。選択肢の記号を選んで (1) ～ (5) にアイウエオ順に解答欄に記入せよ。

ただし，同一の選択肢を複数回用いることはないものとする。

【選択肢】

ア．品質計画　　イ．品質規格　　ウ．品質調整

エ．品質改善　　オ．品質保証　　カ．品質管理

キ．品質設定　　ク．品質方針および品質目標の設定

【解答欄】

(1)	(2)	(3)	(4)	(5)

【問題2】

解説

品質マネジメントは，JIS 9000に「品質に関して組織を指揮し，管理するための調整された活動」をいうこととされ，その内容として具体的に，次の5項目が挙げられています。

① 品質方針（Quality Policy）および品質目標（Quality Objectives）の設定
② 品質計画（Quality Planning）
③ 品質管理（Quality Control）
④ 品質保証（Quality Assurance）
⑤ 品質改善（Quality Improvement）

したがって，アイウエオ順に書きますと，ア，エ，オ，カ，クということになります。ここでは，順番が指定されていますので，正しくアイウエオ順に並べなければなりません。

解答

(1)	(2)	(3)	(4)	(5)
ア	エ	オ	カ	ク

【問題３】

ISO 9000ファミリー規格における次の内容が，選択肢のどの規格に対応するか，その記号を選んで解答欄に記入せよ。

ただし，同一の選択肢を複数回用いることはないものとする。

(1) 品質マネジメント（要求事項） [(1)]

(2) 品質マネジメントシステム（基本および用語） [(2)]

(3) 品質マネジメントアプローチ（組織の持続的成功のための運営管理） [(3)]

(4) 品質および／または環境マネジメントシステム監査のための指針 [(4)]

【選択肢】

ア．ISO 9000	イ．ISO 9001	ウ．ISO 9002
エ．ISO 9003	オ．ISO 9004	カ．ISO 9005
キ．ISO 14000	ク．ISO 14001	ケ．ISO 14002
コ．ISO 14003	サ．ISO 14004	シ．ISO 14005
ス．ISO 14011	セ．ISO 19000	ソ．ISO 19001
タ．ISO 19002	チ．ISO 19003	ツ．ISO 19004
テ．ISO 19005	ト．ISO 19011	ナ．ISO 19012

【解答欄】

(1)	(2)	(3)	(4)

【問題3】

解説

ISO 9000ファミリー規格はp 21に掲げたようになっています。数字が飛んでいることや，ISO 19011などが入り込んでいることなどを注意深く確認しておいて下さい。

解答

(1)	(2)	(3)	(4)
イ	ア	オ	ト

発展問題

【問題4】

品質マネジメントの７原則に含まれるものには○を，含まれないものには×を解答欄に記入せよ。

(1) 断続的改善 [(1)]

(2) 人々の積極的参加 [(2)]

(3) コスト重視 [(3)]

(4) リーダーシップ [(4)]

(5) 関係性管理 [(5)]

(6) 経験的アプローチ [(6)]

(7) 安全第一 [(7)]

(8) 顧客重視 [(8)]

【解答欄】

(1)	(2)	(3)	(4)	(5)	(6)	(7)	(8)

【問題4】

解説

⑴ 断続的な改善では十分ではありませんね。継続的改善が望まれます。7原則では，単に「改善」とされています。

⑵ 人々の積極的参加が重要なことは言うまでもありませんね。以前は，「全員の参画」と表現されていました。

⑶ コスト重視は，必要なことではありますが，（間接的にはともかくとして）直接に品質そのものにはつながりませんね。もちろん，広義の品質にはコストも含まれることになります。

⑹ 経験的なものも重要ですが，品質マネジメントの7原則には含められてはいません。むしろ，システム的（系統的）なアプローチ（望ましい状態に近づくこと）やプロセス（手続・手順）としてのアプローチが重要です。7原則では，「プロセスアプローチ」とされています。

⑺ 安全第一も重要なことではありますが，（間接的につながることはありえても）直接に品質そのものにはつながりませんね。ここでも，広義の品質に安全も含まれることは，⑶のコストと同様です。

品質マネジメントの7原則はp 21にまとめてありますので，参照して下さい。

解答

⑴	⑵	⑶	⑷	⑸	⑹	⑺	⑻
×	○	×	○	○	×	×	○

【問題５】

品質管理に関する次の各々の文章において，正しいものには○を，正しくないものには×を解答欄に記入せよ。

⑴　CWQC は全社的品質管理と訳される。　⑴

⑵　TQC は，基本的品質管理と訳される。　⑵

⑶　QM も QC も日本語では品質管理ということになるが，QC は品質要求を満たすことに絞られた活動を意味し，QM は日常的な改善や品質保証も含めたより広い概念として捉えられている。　⑶

⑷　IEC は，電気標準化国際会議の略である。　⑷

⑸　品質マネジメントシステムの認証制度として，認証機関を認定する機関としては，基本的に各国に一つずつの機関があり，日本の場合は，公益財団法人日本適合性認定協会（JIB）となっている。　⑸

【解答欄】

⑴	⑵	⑶	⑷	⑸

【問題5】

解説

(1) これは記述の通りです。CWQCはCompany-wide Quality Controlの略です。Company-wideは「全社的」と訳され，「組織を挙げて」という意味になります。

(2) TQCは，訳せば総合的品質管理となります。TQCはTotal Quality Controlです。

(3) これも記述の通りです。TQMはTotal Quality Management，TQCはTotal Quality Controlです。ControlよりManagementのほうが，より広い概念とされています。

(4) 細かいことですが，「電気標準化国際会議」ではなくて，正しくは「国際電気標準会議」となっています。この会議では，電気・電子分野の標準を扱います。ISOはInternational Organization for Standardization（国際標準化機構）となっていて，ISOでは「標準化」となっていますので，ご注意下さい。

(5) 品質マネジメントシステムの認証制度として，基本的に各国に一つずつの認定機関があり，日本の場合は，公益財団法人日本適合性認定協会となっていることは正しいです。ただし，公益財団法人日本適合性認定協会はJIBと略されず，JAB（Japan Accreditation Board）となっています。

解答

(1)	(2)	(3)	(4)	(5)
○	×	○	×	×

第2節　品質とは何か

重要度 **B**

・・● 重要事項（よく見ておいて問題に挑戦しましょう）●・・

◆ 広い意味の品質

コスト（Cost，原価，価格）およびデリバリー（Delivery，納期，供給生産量）をそれぞれCおよびDとし，通常にいう品質（狭義の品質）をQとして，QCDを**広義の品質**と呼ぶこともあります。さらには，安全性（Safety）をSとして加えて，QCDSとする場合もあります。

◆ 品質に関する用語

品質用語	内容
要求品質	製品に対する要求事項の中で，品質に関するもの
設計品質 （ねらい品質）	要求品質を正しく把握して，それを実現することを意図した品質
製造品質	設計品質を実現できた程度 （できばえ品質，合致品質，適合品質などとも言います）
品質規格	品質に要求される具体的事項
品質水準	品質特性の程度
品質目標	現在は実現できていない品質であるが，ある時期までに実現できることが期待される品質水準

品質標準	現時点の技術によって実現できる品質水準で，現在では一応満足されているレベル
使用品質	品物を使用するときの使い良さ
官能特性	品質のうち，人間の感覚によって判断されるもの
代用特性	直接に測定することが困難な品質特性を，別の品質特性で置き換えたもの
一元的品質	それが満たされれば満足，満たされなければ不満を引き起こす品質要素
当たり前品質	満たされれば「当たり前」と受け取られるが，満たされなければ不満を起こす品質要素
魅力的品質	満たされれば「当たり前」と受け取られるものではあるが，満たされなくても「仕方ない」と受け取られる品質要素
無関心品質要素	満たされていてもそうでなくても，満足感を与えず不満も起こさない品質要素
逆品質要素	満たされているのに不満を引き起こす品質要素や，逆に満たされていなくても満足感を与える品質要素

◆ デミング・サイクル

アメリカのデミング博士が品質管理の活動を4つの段階としてとらえ，これを回転する車輪のような図で表わしたものです。

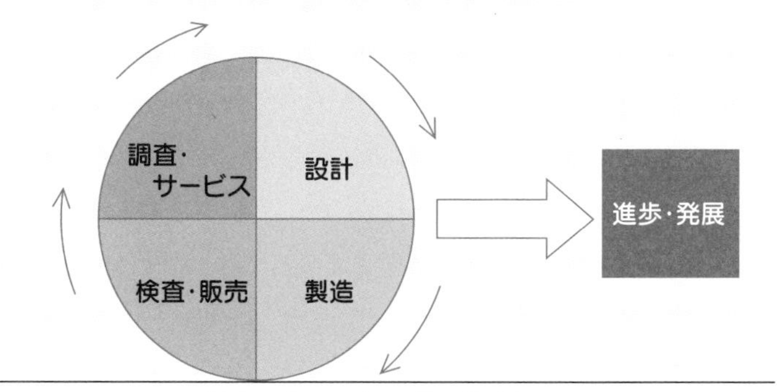

図1－2　デミング・サイクル

試験によく出る重要問題

基本問題

【問題１】

品質管理におけるデミング・サイクルを正しく表わしている図は次のうちのどれになるか。該当する記号を選んで解答欄に記入せよ。

(1)

(ア)

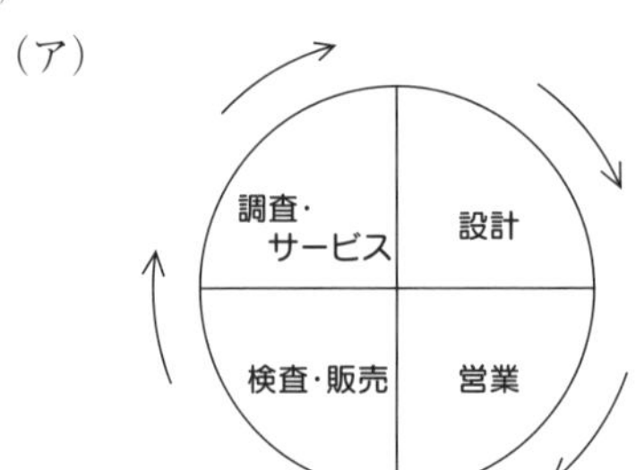

(イ)

調査・
サービス
設計
製造
検査・販売

(ウ)

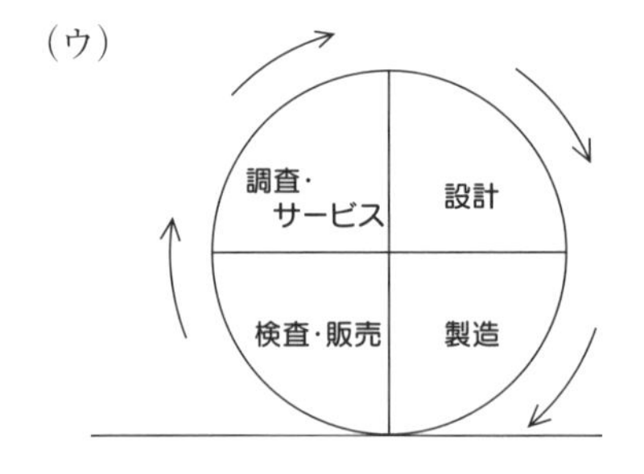

(エ)

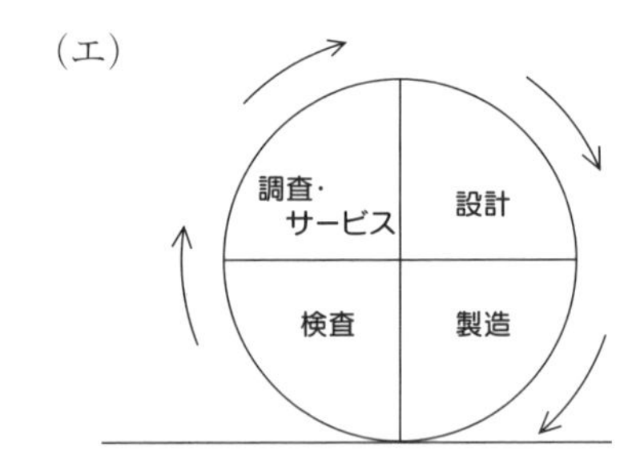

【解答欄】

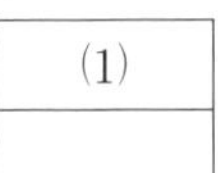

【問題1】

解説

（ア） このサイクル図の中には，製造がありません。商社のような企業は別として，一般にモノを作らないのに販売はできませんね。営業と販売は通常，同じものとみなされます。

（イ） この図では，設計→検査・販売→製造という順序になっていますが，これは順序としておかしいですね。販売してから製造することはできません。

（ウ） これが正解となります。

（エ） この図では，営業あるいは販売がありません。

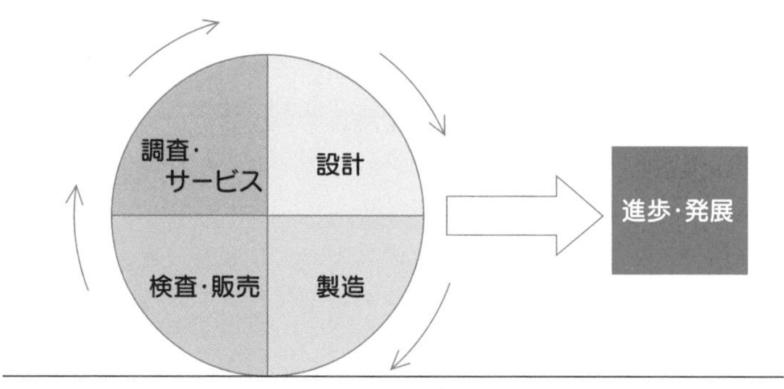

図1－2 デミング・サイクル

解答

(1)
(ウ)

標準問題

【問題２】

製品の品質については，顧客の満足に加えて，近年重要性を増しているものにさまざまな社会的影響がある。それを次の３段階に区分して考えるとき，それぞれの段階に属するものはどれか。[(1)]から[(3)]に該当する最も適切な項目を選択肢から選んで解答欄に記入せよ。

ただし，同一の選択肢を複数回用いることはないものとする。

1）生産の段階：資源調達，省エネルギー，[(1)]，工場廃棄物の影響

2）使用中の段階：保守サービス，他者への危害，[(2)]

3）使用後の段階：資源リサイクル，環境保全，[(3)]

【選択肢】

ア．営業活動　イ．工場の振動および騒音　ウ．歴史的検証
エ．廃棄物公害　オ．使用中の安全性　カ．政治的影響
キ．途上国支援　ク．交通事故　ケ．広報活動

【解答欄】

(1)	(2)	(3)

【問題2】

解説

⑴ 生産段階では，イの工場の振動および騒音が選ばれます。営業活動や広報活動（宣伝）なども考えられますが，それは「近年，重要度を増している」というものではありませんね。

⑵ 使用段階では，使用中に危険なトラブルが起きないようにするための安全性の確保が必要ですね。

⑶ 使用後の段階としては，現代では，単に捨てるだけではなく，公害を起こさないように処分することが重要です。それをリサイクルすることも重要で，いわゆる「循環型社会」を目指さなければならない時代です。

解答

⑴	⑵	⑶
イ	オ	エ

【問題3】

品質に関する次の各々の文章において，正しいものには○を，正しくないものには×を解答欄に記入せよ。

⑴　品質の「品」は物品の性質や水準を表す漢字で，「質」はサービスの性質や水準を表す漢字である。　(1)

⑵　安全性や無害性という内容は，広い意味であっても品質の内容には含めて考えられていないのが実際である。　(2)

⑶　JISでは，品質を「本来備わっている特性の集まりが，要求事項を満たす程度」と定義している。　(3)

⑷　デリバリーという言葉は，時間的にいつまでに納めるか，という納期のことであり，その際に量的な意味を含めて考えられることはない。　(4)

⑸　企業や組織が品質を最優先にして活動を行うことを「品質第一の行動」と呼んでいる。　(5)

【解答欄】

⑴	⑵	⑶	⑷	⑸

【問題3】

解説

(1) 「品」も「質」もほぼ同じ意味を表わす漢字です。物品とサービスの違いに対応するような違いはありません。この記述は誤りです。

(2) この記述も誤りです。最近では，安全性や無害性という内容も，広い意味の品質に含めて考えられています。

(3) これは記述の通りです。JISでは，品質を「本来備わっている特性の集まりが，要求事項を満たす程度」と定義しています。

(4) デリバリーという言葉は，時間的にいつまでに納めるか，という納期と同時に，どれだけの量が納められるか，という観点も含められた用語です。誤りの文章です。

(5) これは記述の通りです。企業や組織が品質を最優先にして活動を行うことを「品質第一の行動」と呼んでいます。

解答

(1)	(2)	(3)	(4)	(5)
×	×	○	×	○

発展問題

【問題4】

製造者と消費者の関係という立場からの品質に関する次の文章において，(1)～(6)のそれぞれに対して適切なものを選択肢欄から選んでその記号を解答欄に記入せよ。

ただし，各選択肢を複数回用いることはない。

製造企業における立場に (1) および (2) という２つの立場がある。

消費者の要望を重視してそれに適合させるように製造者が企画や設計および製造，販売する活動を (1) という。これに対して，消費者についてはさておいて，製造者側の事情を優先し企画や設計および製造，販売する活動を (2) といっている。(3) の時代にはどちらかというと (2) が主流ではあったが，(4) では，顧客の (5) ニーズをいかに察知して具現化するかということが (6) を向上させることにとって重要とされているため，(1) が特に重視されている。

【選択肢】

ア．マーケットイン　　イ．マーケットアウト　　ウ．マーケッティング
エ．市場開拓　　オ．顧客満足度　　カ．プロダクトミックス
キ．プロダクトイン　　ク．潜在的　　ケ．顕在的
コ．プロダクトアウト　　サ．高度経済成長　　シ．低成長
ス．晩年　　セ．近年　　ソ．中高年

【解答欄】

(1)	(2)	(3)	(4)	(5)	(6)

【問題4】

解説

正解を入れて，あらためて文章を掲載すると，次のようになります。プロダクトアウトとマーケットインの基本的な違いをよく考えておいて下さい。何を重視しているのかという観点からの違いであって，それはとても重要な違いです。

製造企業における立場に**マーケットイン**および**プロダクトアウト**という2つの立場がある。

消費者の要望を重視してそれに適合させるように製造者が企画や設計および製造，販売する活動をマーケットインという。これに対して，消費者についてはさておいて，製造者側の事情を優先し企画や設計および製造，販売する活動をプロダクトアウトといっている。**高度経済成長**の時代にはどちらかというとプロダクトアウトが主流ではあったが，**近年**では，顧客の**潜在的**ニーズをいかに察知して具現化するかということが**顧客満足度**を向上させることにとって重要とされているため，マーケットインが特に重視されている。

解答

(1)	(2)	(3)	(4)	(5)	(6)
ア	コ	サ	セ	ク	オ

【問題５】

品質に関する次の用語の意味として，適切な説明文を選択肢から選んで解答欄に記入せよ。
ただし，同一の選択肢を複数回用いることはないものとする。

(1) ねらい品質 [(1)]
(2) 品質水準 [(2)]
(3) 使用品質 [(3)]
(4) 一元的品質 [(4)]
(5) 無関心品質要素 [(5)]

【選択肢】

ア．満たされていてもそうでなくても，満足感を与えず不満も起こさない品質項目
イ．要求品質を正しく把握して，それを実現することを意図した品質
ウ．満たされているのに不満を引き起こす品質項目
エ．品質特性が達成された程度
オ．逆に満たされていなくても満足感を与える品質項目
カ．品物を使用するときの使い良さ
キ．満たされれば「当たり前」と受け取られるが，満たされなければ不満を起こす品質項目
ク．満たされれば満足を，満たされなければ不満を引き起こす品質項目

【解答欄】

(1)	(2)	(3)	(4)	(5)

【問題5】

解説

(1) 要求品質を正しく把握して，それを実現することを意図した品質は，ねらい品質あるいは設計品質とも呼ばれます。

(2) 品質特性が達成された程度は品質水準といいます。

(3) 使用品質とは，品物を使用するときの使い良さのことです。

(4) 一元的品質とは，満たされれば満足を，満たされなければ不満を引き起こす品質項目をいいます。

(5) 無関心品質要素とは，満たされていてもそうでなくても，満足感を与えず不満も起こさない品質項目をいいます。「あってもなくても私には影響ない(関係ない)」というような場合です。

解答

(1)	(2)	(3)	(4)	(5)
イ	エ	カ	ク	ア

第3節　管理とは何か　重要度 C

・・● 重要事項（よく見ておいて問題に挑戦しましょう）●・・

◆ 管理のサイクル

管理とは，英語のコントロール，あるいはマネジメントに対応しています。組織の目的を効率的かつ合理的に達成するための計画と統制を行う組織的な活動を指していう言葉です。

計画	P	Plan	目的を決めて，達成に必要な計画を設定
実施	D	Do	計画に従って実行
確認	C	Check	実行した結果を確認して評価
処置	A	Act	確認して評価した結果に基づいて適切に処置

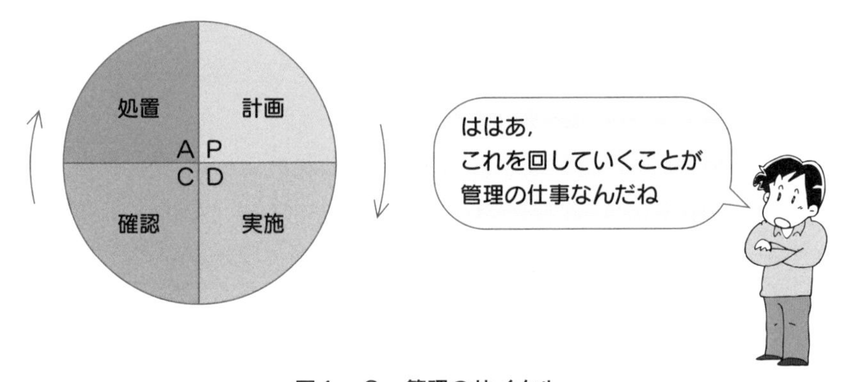

図１－３　管理のサイクル

P 33で出てきましたデミング・サイクルのような形をしていますが，このようなサイクルを実行してゆくことを管理のサイクルを回す（PDCAを回す）ともいいます。処置Aが終われば次の計画Pがスタートします。この段階では，一回前のPより水準が向上していなければなりません。つまり，徐々に上がっていきますので，スパイラルアップ（螺旋（らせん）的向上），あるいはスパイラルローリングともいわれます。これが進歩や発展につながります。

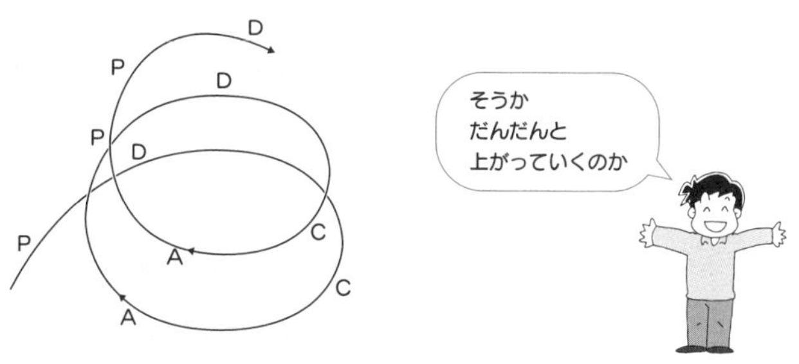

図1－4　スパイラル・ローリングによる改善のイメージ

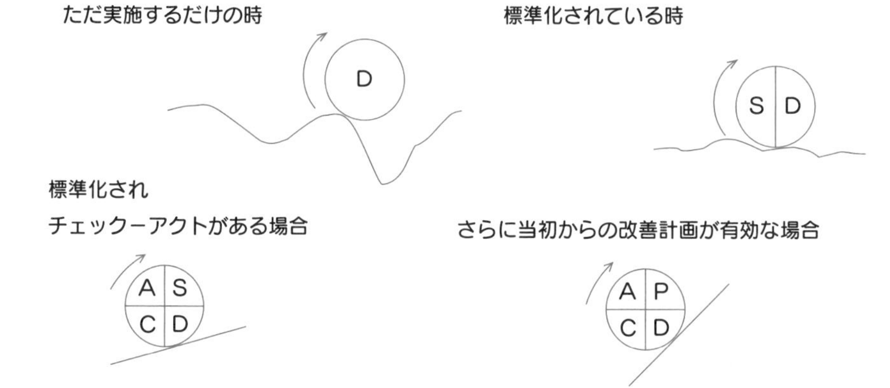

図1－5　S, CA, Pの意義

一旦向上すると，その段階では以前より高い水準の状態が標準（S, standard，スタンダード）となりますので，標準のSから始まってSDCAと表現されることもあります。Dだけの場合に対して，Sが加わり，CAが加わり，さらに，Pが機能した場合の比較をしてみて下さい。PDCAがSDCAより相対的に改善度（傾き）が大きい図になっています。図1－5のようなことになります。

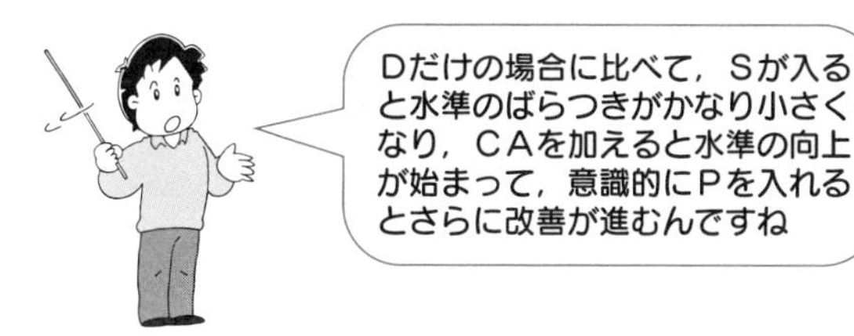

試験によく出る重要問題

基本問題

【問題 1】

管理に関する次の各々の文章において，正しいものには○を，正しくないものには×を解答欄に記入せよ。

⑴　組織に属する各部門の担当業務について，その目的を効率的，合理的かつ継続的に達成するため，日常に行うべき組織的活動を基本管理という。
　　　⑴

⑵　方針管理とは，組織において組織目的を達成するための手段として制定された中長期的経営計画，あるいは，年度毎の経営方針を体系的に実行するための活動をいう。　⑵

⑶　日常管理における 4 つのステップとは，PDAC といわれるもので，これをその順番に回していくことになるため，管理のサイクルと呼ばれている。
　　　⑶

⑷　日常管理におけるステップは，以前は PDC と 3 文字で呼ばれていた。
　　　⑷

⑸　日常管理における管理のサイクルは，ステップを順次回していくことになるが，回るごとに前回より向上していなければならないという意味で，スパイラルアップなどと呼ばれることもある。　⑸

【解答欄】

⑴	⑵	⑶	⑷	⑸

【問題１】

解説

⑴　この記述は誤りです。組織に属する各部門の担当業務について，その目的を効率的，合理的かつ継続的に達成するため，日常において行う組織的活動は，日常管理といわれます。基本管理とはいいません。

⑵　これは記述の通りです。方針管理とは，組織において組織目的を達成するための手段として制定された計画を体系的に実行するための活動をいいます。その計画には，中長期的経営計画，あるいは，年度毎の経営方針などがあります。

⑶　日常管理における4つのステップを管理のサイクルと呼ぶことは記述の通りなのですが，それはPDACではなくて，PDCAといわれています。ステップの順序も重要です。

⑷　日常管理におけるステップは，以前はPDSと3文字で呼ばれていました。Sは英語のseeであって，近年で用いられるPDCAは，これをCとAに細分化していることになります。

⑸　記述の通りです。スパイラルアップは，螺旋（らせん）的向上あるいはスパイラル・ローリングなどと呼ばれることもあります。上向きネジのように回りながら上に上っていくということです。

解答

⑴	⑵	⑶	⑷	⑸
×	○	×	×	○

標準問題

【問題２】

管理のサイクルに関する次の図の（ア）～（エ）において，不自然なものはどれか，その選択肢を解答欄に記入せよ。ただし，この図において，管理のサイクルの矢印の意味は時計回りにそれぞれの段階を経るという意味であると考えるものとする。

⑴

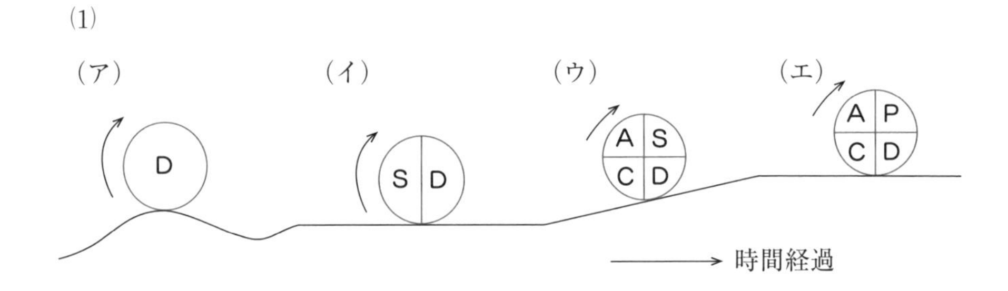

【解答欄】

⑴

【問題2】

解説

（ア）　この図はD（実施）だけの図ですね。標準化されていませんから，毎回結果の水準が違っています。特におかしい図ではありません。

（イ）　これは，標準化されたものになっています。これほど一定の水準かどうかは別として，ほぼ一定の結果が得られるはずでしょう。これもおかしいとは言えませんね。

（ウ）　これは（イ）の状態に対して，結果を確認して評価し，必要に応じて処置をするプロセスが加わっています。すると水準は向上していくでしょう。SDCAサイクルとしては，妥当な図と言えるでしょう。

（エ）　この図は，企画段階が明示されていて，改善を意図しているサイクルになっています。その結果は，向上していくことが普通です。少なくともSDCAサイクルより改善度が小さいことは一般には不自然です。

解答

(1)
(エ)

【問題３】

管理にも様々な立場があり，いくつもの分類がある。

次に示すような内容は何という管理といわれるか。該当する適切な名称を選択肢から選んで解答欄に記入せよ。

ただし，同一の選択肢を複数回用いることはないものとする。

⑴　組織に属する各部門の担当業務について，その目的を効率的，合理的かつ継続的に達成するため，日常に行うべき活動　［⑴］

⑵　組織において組織目的を達成するための手段として作られた中長期的経営計画，あるいは，年度毎の経営方針を体系的に実行するための活動　［⑵］

⑶　工場等において業務が新たに開始される時点での管理　［⑶］

⑷　工場等において何らかの変更を加える時点において，未然にトラブル発生を防止しようとする管理　［⑷］

⑸　工場等において何かが変化したと見られる場合に，それによってトラブルが起きないかどうかを見る管理　［⑸］

【選択肢】

ア．点検管理　　イ．備品管理　　ウ．方針管理
エ．日常管理　　オ．変更管理　　カ．人事管理
キ．初期流動管理　　ク．経営管理　　ケ．変化点管理

【解答欄】

⑴	⑵	⑶	⑷	⑸

【問題３】

解説

⑴　組織に属する各部門の担当業務について，その目的を効率的，合理的かつ継続的に達成するため，日常に行うべき活動は**日常管理**といわれます。

⑵　組織において組織目的を達成するための手段として作られた中長期的経営計画，あるいは，年度毎の経営方針を体系的に実行するための活動は**方針管理**といわれます。

⑶　工場等において業務が新たに開始される時点での管理は，**初期流動管理**と呼ばれます。そのようにする理由として，そのようなタイミングでトラブルが起こりやすいことが挙げられます。

⑷　工場等において何らかの変更を加える時点において，未然にトラブル発生を防止しようとする管理は，**変更管理**といいます。初期流動管理と内容的にはよく似ていますね。

⑸　工場等において何かが変化したと見られる場合に，それによってトラブルが起きないかどうかを見る管理は，変更管理とよく似ていますが，多少異なります。これは**変化点管理**と呼ばれています。変更管理のほうが「意識的に変更した時の管理」というニュアンスが強いと考えて下さい。

解答

⑴	⑵	⑶	⑷	⑸
エ	ウ	キ	オ	ケ

発展問題

【問題4】

品質管理の特徴について述べられた次の文章において，(1)～(5)のそれぞれの欄に対して適切なものを選択肢から選んでその記号を解答欄に記入せよ。ただし，各選択肢を複数回用いることはないものとする。

品質管理においては，[(1)]に基づく管理であるということが，近代的な[(2)]品質管理の特徴である。[(1)]を[(3)]で示して現状を把握し，原因と[(4)]の関係を調べて対処することが重要であり，手法としてできるだけ[(5)]手法を活用して十分な検討を実施し，改善効果も[(3)]という[(1)]で評価することが基本である。

【選択肢】

ア．現実　　イ．事実　　ウ．物理的
エ．化学的　　オ．科学的　　カ．生物的
キ．原理的　　ク．統計的　　ケ．主観的
コ．データ　　サ．サンプル　　シ．結果

【解答欄】

(1)	(2)	(3)	(4)	(5)

【問題4】

解説

それぞれの□に正解となる用語を入れて，あらためて文章を掲載すると次のようになります。それぞれで使われている用語の意味の確認などをお願いします。

品質管理においては，**事実**に基づく管理であるということが，近代的な**科学的**品質管理の特徴である。事実を**データ**で示して現状を把握し，原因と**結果**の関係を調べて対処することが重要であり，手法としてできるだけ**統計的**手法を活用して十分な検討を実施し，改善効果もデータという事実で評価することが基本である。

解答

(1)	(2)	(3)	(4)	(5)
イ	オ	コ	シ	ク

【問題5】

日本における品質管理について述べられた次の文章において，(1)〜(5)のそれぞれに対し適切なものを選択肢欄から選んでその記号を解答欄に記入せよ。

ただし，各選択肢を複数回用いることはないものとする。

日本における長年の品質管理の歴史において，[(1)]が[(2)]の要望を反映させるたゆまざる努力によって極めて高い品質レベルを作り上げてきた。これによって[(3)]の性能は世界に冠たる位置に到達したとも言われる。これは内容的に総合的な品質管理であって，TQCを発展させた[(4)]と呼ばれるものである。一方，品質の国際規格である[(5)]は，品質管理に関する規格であるが，これは総合的というよりも組織のシステムを対象とした規格であり，[(4)]に含まれる多くの改善手法を必ずしも含むものではない。

【選択肢】

ア．米国製品　　イ．中国製品　　ウ．日本製品
エ．製造者　　オ．主客　　カ．顧客
キ．SQC　　ク．TQM　　ケ．TQP
コ．ISO 8001　　サ．ISO 9001　　シ．ISO 14001

【解答欄】

(1)	(2)	(3)	(4)	(5)

【問題5】

解説

それぞれの［　　］に正解となる用語を入れて，あらためて文章を掲載しますと，次のようになります。日本製品のすぐれた特性が生み出されてきた背景として，この文章を再確認しておいて下さい。

日本における長年の品質管理の歴史において，**製造者**が**顧客**の要望を反映させるたゆまざる努力によって極めて高い品質レベルを作り上げてきた。これによって**日本製品**の性能は世界に冠たる位置に到達したとも言われる。これは内容的に総合的な品質管理であって，TQCを発展させた**TQM**と呼ばれるものである。一方，品質の国際規格である**ISO 9001**は，品質管理に関する規格であるが，これは総合的というよりも組織のシステムを対象とした規格であり，TQMに含まれる多くの改善手法を必ずしも含むものではない。

解答

(1)	(2)	(3)	(4)	(5)
エ	カ	ウ	ク	サ

第4節　工程管理と標準化　重要度 B

•••重要事項（よく見ておいて問題に挑戦しましょう）•••

標準化とは，「標準を設定し，これを活用する組織的行為」と定義されています。

◆ 各階層の標準化規格

標準化規格は，次表のような多層の階層構造になっています。

規格	規格の内容（例）
国際規格（世界規格）	ISO 規格，IEC 規格 注）
国際地域間規格	複数の国家間における規格等（EU の EN 注）など）
国家規格	JIS（日本産業規格），JAS（日本農林規格），BS（英国の規格），ANSI（米国の規格），DIN（ドイツの規格），GB（中国の規格）等
業界規格（団体規格）	各種の業界規格，団体規格等
企業規格	個別の社内基準等

注）IEC：国際電気標準会議（International Electrotechnical Commission）の略で，電気・電子分野の国際規格を策定する組織です。電気・電子分野以外は ISO が担当します。
また，EN とは欧州統一規格のことです。

◆ JIS の分類

産業分野における標準化が**産業標準化**です。日本では産業標準化法に基づき JIS（日本産業規格，Japanese Industrial Standards）が定められています。JIS 規格には次表のような 3 分類があります。

分類	内　容
基本規格	用語，記号，単位，標準数など適用範囲が広い分野にわたる規格，または特定の分野についての全般的な事柄に関する規格
方法規格	試験方法，分析方法，生産方法，使用方法などの規格で，所定の目的を確実に果たすために，方法が満たされなければならない要求事項に関する規格
製品規格	鉱工業製品が特定の条件のもとで所定の目的を確実に果たすために，満たされなければならない要求事項（要求事項の一部だけである場合を含む）に関する規格

また，JIS マークにはマーク表示制度があり，規定されている JIS マークには次の 3 種類があります。

図1－6　JIS マーク

◆ わが国における試験所認定制度

日本には次の 4 つの試験所認定機関があり，それぞれ認定プログラムを実施。

(1) 財団法人適合性認定協会（JAB）

NGO による認定機関，電気試験，電磁両立性試験，化学試験，機械試験，一般校正などの分野の認定を実施。

(2) 独立行政法人　製品評価技術基盤機構（NITE）認定センター（IA Japan）

- JCSS：計量法に基づく校正事業者登録制度
- JNLA：製品試験を実施する試験事業者登録制度
- ASNITE：国家計量標準研究所（NMI）の認定，標準物質生産者認定，JNLA 以外の試験所認定など
- MLAP：ダイオキシン等の極微量物質の計量証明の信頼性向上を目的とした特定計量証明事業者認定制度

(3) 日本化学試験所認定機構（JCLA）：化学産業分野の試験所認定を実施。

(4) (株)電磁環境試験所認定センター（VLAC）：電磁両立性（EMC）分野を主体とする試験所認定機関。

試験によく出る重要問題

基本問題

【問題１】

標準や規格に関する次の各々の文章において，正しいものには○を，正しくないものには×を解答欄に記入せよ。

⑴　用紙サイズの規格について，A３の用紙を２枚合わせるとA４サイズになる。　⑴

⑵　標準値とは，標準を規定するに際して設定された数値のことである。　⑵

⑶　規格値とは，規格を規定するに際して設定された数値のことである。　⑶

⑷　標準値に属するものとして，もとになる値を基準値，許される限界値を許容値または許容限界値ということがある。　⑷

⑸　ISO 9001は組織に関する環境管理の国際規格であり，ISO 14001は組織に関する品質管理の国際規格である。　⑸

【解答欄】

⑴	⑵	⑶	⑷	⑸

【問題1】

解説

⑴　用紙サイズの規格としては，A4サイズよりA3サイズの方が大きい（広い）ものになっています。記述では，A3とA4が逆になっていますね。

⑵　これは記述の通りです。標準値とは，標準の規定において設定された数値のことです。

⑶　これもその通りですね。規格値とは，規格を規定するに際して設定された数値のことですね。

⑷　標準値としては，もとになる値を基準値，許される限界値を許容値または許容限界値ということがあります。

⑸　この記述は逆になっていますね。ISO 9001は組織に関する品質管理の国際規格であって，ISO 14001が組織に関する環境管理の国際規格となっています。紙のサイズなど，眼に見えるものに規格があることは常識ですが，組織という眼に見えないものにも「規格」があるのですね。

解答

⑴	⑵	⑶	⑷	⑸
×	○	○	○	×

標準問題

【問題２】

標準化について述べられた次の各々の文章において，正しいものには○を，正しくないものには×を解答欄に記入せよ。

⑴　標準化の定義は，「標準を設定し，これを活用する組織的行為」とされている。　(1)

⑵　標準化されているものは，世の中には非常に多くなっており，用紙のサイズのＡ規格やＢ規格などの例を見るまでもなく，工業的製品の多くが標準化されている。　(2)

⑶　標準化や規格という概念は，基本的に工業製品のように形あるものに限定して適用される。　(3)

⑷　GB はイギリスにおける国家レベルの規格である。　(4)

⑸　IEC というのは，国際農林標準会議の略称である。　(5)

【解答欄】

⑴	⑵	⑶	⑷	⑸

【問題2】

解説

⑴ この文章は記述の通りです。標準化とは,「標準を設定し,これを活用する組織的行為」と定義されています。

⑵ これも記述の通りです。標準化されているものは,世の中には非常に多くなっており,工業的製品の多くが標準化されています。

⑶ この記述は誤りです。ISO 9001やISO 14001のように組織という形のないものに適用される規格もあります。

⑷ この記述は誤りです。GBはグレート・ブリテン(英国)の略のようでまぎらわしいのですが,中国の国家規格です。イギリスの国家規格はBSとなっています。

⑸ これは誤りです。IECというのは,国際農林標準会議ではなくて,国際電気標準会議の略称です。

解答

⑴	⑵	⑶	⑷	⑸
○	○	×	×	×

【問題３】

日本における産業標準化に関する次の文章において，(1)～(6)のそれぞれの欄に対して適切なものを選択肢から選んでその記号を解答欄に記入せよ。ただし，各選択肢を複数回用いることはないものとする。

日本産業規格は［ (1) ］と略称される鉱工業品，データ，サービス等の［ (2) ］を意味しており，産業標準化法に基づいている。主務大臣は，［ (3) ］や国土交通大臣などであり，基本的に［ (1) ］マーク表示制度と［ (4) ］制度の二本柱で運営されている。［ (1) ］の対象範囲としては，広く鉱工業品ではあるが，医薬品，農薬，化学肥料，蚕糸および食料品，その他の［ (5) ］は，別な特別の体系を有することで除かれている。加えて，嗜好品や［ (6) ］などは標準化の概念になじまないとして［ (1) ］の対象とはされていない。

【選択肢】

ア．JAS	イ．ISO	ウ．JIS
エ．IEC	オ．国際規格	カ．地域規格
キ．団体規格	ク．国家規格	ケ．農林水産大臣
コ．文部科学大臣	サ．経済産業大臣	シ．試験所認定
ス．試験事業者登録	セ．援助物資	ソ．農林物資
タ．高級品	チ．舶来品	ツ．芸術品

【解答欄】

(1)	(2)	(3)	(4)	(5)	(6)

【問題3】

解説

それぞれの［　　　］に正解となる用語を入れて，あらためて文章を掲載すると，次のようになります。あらためてそれぞれの文章や用語の意味を確認しておいて下さい。

日本産業規格は**JIS**と略称される鉱工業品，データ，サービス等の**国家規格**を意味しており，産業標準化法に基づいている。主務大臣は，**経済産業大臣**や国土交通大臣などであり，基本的にJISマーク表示制度と**試験事業者登録**制度の二本柱で運営されている。JISの対象範囲としては，広く鉱工業品ではあるが，医薬品，農薬，化学肥料，蚕糸および食料品，その他の**農林物資**は，別な特別の体系を有することで除かれている。加えて，嗜好品や**芸術品**などは標準化の概念になじまないとしてJISの対象とはされていない。

解答

(1)	(2)	(3)	(4)	(5)	(6)
ウ	ク	サ	ス	ソ	ツ

発展問題

【問題4】

標準化に関する次の文章において，[　　　]の中に入るべき適切な語句を選択肢欄より選び，その記号を解答欄に記入せよ。ただし，各選択肢を複数回用いることはないものとする。

標準化は，組織で働く人々が持っているそれまでのノウハウや技能を，組織内に[(1)]し，技術の伝達・伝承を促進するという機能を有する。標準化を推進することによって，業務の進め方や材料・部品の統一，さらには，業務の[(2)]を図ることが可能で，コストの低減にもつながる。標準化によって，業務の手順や手続きなどを統一し，あるいは，データを共有化することも可能となり，業務を正確かつ[(3)]に遂行することができるようになる。

標準化によって業務の進め方の明確化や統一化が進むと，部門内や部門間での，あるいは，顧客との間での情報伝達が容易になり，[(4)]も促進される。品質に関する規定などで製品品質の基準を明確にすることもでき，また作業環境などで5M(作業者，機械，材料，作業方法，測定方法)に起因する[(5)]も低減されることになる。

【選択肢】

ア．かたより　　イ．ばらつき　　ウ．相互理解
エ．多様化　　オ．単純化　　カ．複雑化
キ．蓄積　　ク．遅滞　　ケ．迅速

【解答欄】

(1)	(2)	(3)	(4)	(5)

【問題4】

解説

標準化には，組織で働く人々が持っているそれまでのノウハウや技能を，組織内に蓄積し，技術の伝達・伝承を促進するという機能があります。標準化を推進することによって，業務の進め方や材料・部品の統一，さらには，業務の単純化を図ることが可能で，コストの低減にもつながります。また，標準化によって，業務の手順や手続きなどを統一し，あるいは，データを共有化することも可能となり，業務を正確かつ迅速に遂行することができるようになります。

標準化によって業務の進め方の明確化と統一化が進むと，部門内や部門間での，あるいは，顧客との間での情報伝達が容易になり，相互理解も促進されます。品質に関する規定などで製品品質の基準を明確にすることもでき，また作業環境などで5M（作業者，機械，材料，作業方法，測定方法）に起因する「ばらつき」も低減されることになります。「ばらつき」と「かたより」の違いについても理解下さい。

解答

(1)	(2)	(3)	(4)	(5)
キ	オ	ケ	ウ	イ

【問題5】

国際標準化活動に関する次の各々の文章において，正しいものには○を，正しくないものには×を解答欄に記入せよ。

(1) 国際標準化とは，すべての国々の標準化に直接関係する団体が参加できる標準化とされている。 (1)

(2) 国際標準は，国際規格ともいわれ，国際標準化組織あるいは国際規格組織によって採択され，公開されている規格を意味している。 (2)

(3) 国際地域間規格とは，複数の国々が参加する地域において，国際地域間標準化組織または国際地域間規格組織によって採択され，公開されている規格を意味する。 (3)

(4) 国際標準化活動に関する規定は，日本ではJIS Z 9002にて謳(うた)われている。 (4)

(5) 国際標準の役割としては，① 国際的コンセンサスの形成 ② 貿易における技術的障害の排除 ③ 経営の透明性の確保などがあげられる。 (5)

【解答欄】

(1)	(2)	(3)	(4)	(5)

【問題5】

解説

国際標準化活動に関して，日本は，日本産業標準調査会（JISC, Japanese Industrial Standards Committee）がISOとIECにそれぞれ，1952年と1953年に相次いで加盟しました。産業標準化法に基づいて，日本産業標準調査会は設置され，経済産業省内にその事務局を置いています。

(1)～(3) いずれも記述の通りです。

(4) やや細かいことまで問われる難しい問題になりますが，国際標準化活動に関する規定は，日本ではJIS Z 9002ではなくて，JIS Z 8002にて謳(うた)われています。9000番台は品質そのものですが，国際標準化活動は品質そのものではありませんので，一応，区別されています。

(5) これも記述の通りです。その意味するところを確認しておいて下さい。

解答

(1)	(2)	(3)	(4)	(5)
○	○	○	×	○

平準化と標準化

「平準化」と「標準化」とは似たような言葉ですね。どういう違いがあるのでしょうか。業界あるいは会社によって使い方が多少違うこともあるでしょうが，一般に数値化できるものに対して「平準化」，規格化できるものに対して「標準化」が使い分けられているようです。

平準化は，もともとでこぼこしたものを均して平らにすることで，飛び出したものは削り取るような場合に使います。いわば，均一な品質にすることと言えます。

標準化は，例えば人によって異なっていた作業手順や方法などの個々の差異が無くなるように統一させる場合に使います。つまり作業手順を統一するようなことを標準化するといいます。均一な品質で生産するための作業手順をマニュアル化したものを「作業標準」などと呼びます。

第2章
品質管理の手法

第1節　データの採り方　重要度 A

・・●重要事項（よく見ておいて問題に挑戦しましょう）●・・

◆ 母集団とサンプルの関係（情報の流れとして把握して下さい。）

品質管理は事実に基づいて行われますが，客観的な事実を示すものとしてデータが重要です。データとは，解析の対象となるものを観察や測定した結果として記録される情報のことです。

データの対象となる集団の全体を**母集団**といいますが，対象集団の全体をデータにすることは一般には困難ですので，通常はその一部を測定することで全体を推定することになります。「測定する一部」を**標本**（**サンプル**，あるいは試料）といいます。サンプルを採取することを**サンプリング**といっています。母集団の平均を母平均，分散を母分散，標準偏差を母標準偏差ということがあります。

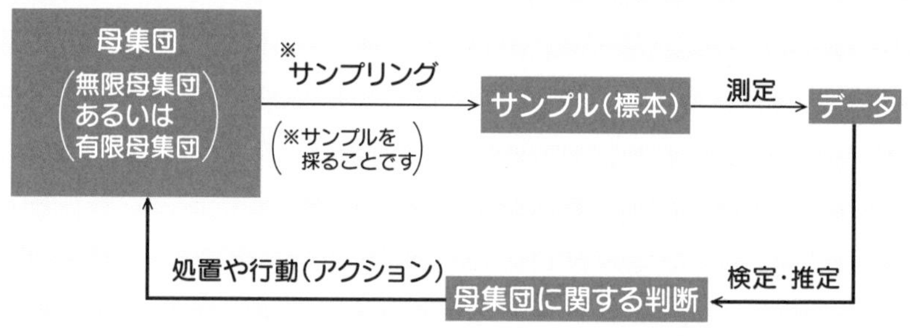

図2－1　母集団とサンプルの関係

◆ 測定値と誤差に関する各種の定義

誤差はサンプリングの際の誤差（**サンプリング誤差**）と測定の際の誤差（**測定誤差**）とに分類されます。これらは，次のような関係になります。

測定値＝真の値＋サンプリング誤差＋測定誤差

また誤差には，**かたより**（**かたより誤差**）と **ばらつき**（**ばらつき誤差**）とがあります。

a）**かたより**：真の値からのずれ（測定値の平均から真の値を引いた値）
b）**ばらつき**：測定値の大きさがそろっていないこと（不ぞろいの程度）

したがって，サンプリング誤差と測定誤差を合わせて誤差としますと，

誤差＝測定値－真の値

誤差と似たような用語で，次のようなものがあります。若干意味が違いますのでご注意を。ここで，**母平均**とは母集団の平均を意味します。

残差＝測定値－試料平均

偏差＝測定値－母平均

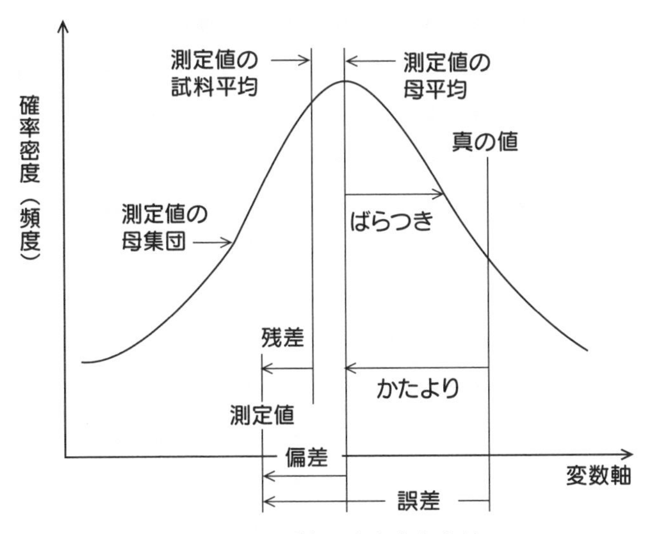

図2－2　ばらつきとかたより

＜違いを確認＞

正確さ：かたよりの小さい程度
精密さ（精密度）：ばらつきの小さい程度
精度（精確さ，総合精度）：正確さ＋精密さ

◆ 代表値を表わす量

a）平均値：$\bar{x}$または$E(x)$〔母集団の平均である母平均はμ〕

$$\bar{x}=\frac{x_1+x_2+\cdots+x_n}{n}=\frac{\sum_{i=1}^{n}x_i}{n}=\frac{\sum x_i}{n}$$

平均の取り方にも多くの種類があるのですが，ここで出てきたようにデータの合計値を，その個数で割るという平均が最もよく用いられます。この方法で求める平均は，相加平均，代数平均，算術平均などと呼ばれます。Σはギリシャ文字シグマの大文字で，和を表わす記号です。

その上下についている$i=1$とnは，iを1から順に大きくしてnまでの和をとることを意味しています。

b）メディアン（中央値）：$\tilde{x}$（エックスウェーブ）または$Me(x)$

得られたデータを大きさの順に並べた場合の中央に位置するデータを言います。偶数個のデータの時は、中央の2つのものの平均をとります。

◆ ばらつきを表わす量

a）範囲：Rまたは$R(x)$

$R=x_{\max}-x_{\min}$　　（$x_{\max}$は最大値，$x_{\min}$は最小値）

b）偏差平方和（平方和）：Sまたは$S(x)$

$$S=\sum_{i=1}^{n}(x_i-\bar{x})^2=\sum_{i=1}^{n}x_i{}^2-\frac{\left(\sum_{i=1}^{n}x_i\right)^2}{n}=\sum_{i=1}^{n}x_i{}^2-n\bar{x}^2$$

この式の左辺からの計算過程が知りたい方はP119をご参照下さい。

c）分散（不偏分散，平均平方）：Vまたは$V(x)$［母集団の分散である母分散はσ^2］

$$V=\frac{S}{n-1}$$

d）標準偏差：sまたは$s(x)$［母集団の標準偏差である母標準偏差はσ］

$$s=\sqrt{V}=\sqrt{\frac{S}{n-1}}$$

e）変動係数：CVまたは$CV(x)$

$$CV=\frac{s}{\bar{x}}\times 100=\frac{\sqrt{V}}{\bar{x}}\times 100\quad(\%)$$

◆ 確率分布

確率的に値が決まる変数を**確率変数**といいます。

a）正規分布（ガウス分布，誤差分布）

最も重要な分布で，データ数が多いと一般にこの形になります。難しい式ですが，この式の計算は要求されません。式の形はよく見ておいて下さい。平均値μ，分散σ^2の分布を$N(\mu,\ \sigma^2)$と書きます。確率密度関数が次式です。

$$f(x)=\frac{1}{\sqrt{2\pi}\sigma}\exp\left(-\frac{1}{2}\left(\frac{x-\mu}{\sigma}\right)^2\right) \qquad [\exp(x)=e^x]$$

$\mu=0$，$\sigma=1$の場合の$N(0,1^2)$を標準正規分布と言います。$N(0,1)$と書いてもよいのですが，1が分散であることで$N(0,1^2)$と書きます。

$$u=\frac{x-\mu}{\sigma}\cdots\cdots(1)$$

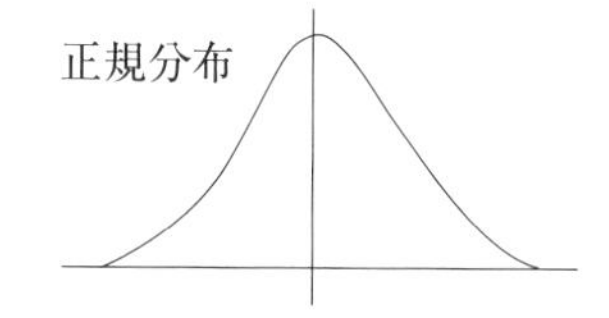

の式で変換しますと，

$$f(u)=\frac{1}{\sqrt{2\pi}}\exp\left(-\frac{1}{2}u^2\right)$$

となり，$N(\mu,\ \sigma^2)$が変換式(1)によって$N(0,1^2)$に変換されます。$f(u)$の計算は大変ですので，$N(0,1^2)$の数表を引いて求めます。

b）二項分布

コインの表裏のように2つの現象だけの時の分布です。その2つの確率をpおよびqとし，n回繰返す時，pがx回，qがy回起こる確率は，次式になります。

$${}_nC_x p^x q^y={}_nC_x p^x(1-p)^{n-x}\ (p+q=1,\ x+y=n)$$

ここで，${}_nC_x$はn個のものからx個を取出す組合せで，$n!$はnの階乗です。

$${}_nC_x=\frac{n!}{x!(n-x)!}$$

$$n!=1\times2\times3\cdots\times(n-1)\times n \qquad 0!=1$$

試験によく出る重要問題

基本問題

【問題1】

次に示すデータについて，計量値であるものにはRを，計数値であるものにはSを，どちらでもないものにはXを解答欄に記入せよ。

(1) A工場の騒音測定値［dB］ (1)

(2) B町における年間の交通事故発生件数［件］ (2)

(3) C高校の年間の欠席率［%］ (3)

(4) D工場製品の不適合品数［個］ (4)

(5) Eさんの血液型は，AB型である。［-］ (5)

(6) Fさんがマラソン大会で第5位に入った。［位］ (6)

【解答欄】

(1)	(2)	(3)	(4)	(5)	(6)

【問題１】

解説

数量（数字）で表わされたデータを数値データといいます。これには**計量値**（重さ，長さ，面積，濃度などのように，測定して得られる連続量のデータ）と**計数値**（人の数，個数など，整数値となる場合のデータ）とがあります。

⑴　騒音の測定値は計量値になります。騒音計によって計量（測定）される単位のdBは、若干専門的なものになりますが、デシベルと読みます。デシはデシリットルのデシと同じで1/10という意味になります。

⑵　交通事故の発生件数は数えるデータですから，計数値になります。

⑶　欠席率は欠席者数を在籍人員数で割るという計算から出る数値です。率になった段階では必ずしも整数値になりませんが，もとのデータが計数値なので，計数値扱いにされます。

⑷　不良品の個数も数えるデータですね。計数値です。

⑸　A型やAB型というのは数量ではありませんね。文字情報という扱いです。〔－〕という表記は単位表示がないことを表しています。

⑹　これは少し悩むところですね。第３位というのは数える数のようにも思えますが，これは順序数（一種の文字情報）という扱いになります。

解答

⑴	⑵	⑶	⑷	⑸	⑹
R	S	S	S	X	X

標準問題

【問題2】

統計量に関する次の文章において，(1)～(6)のそれぞれに対して適切なものを選択肢欄から選んでその記号を解答欄に記入せよ。

ただし，各選択肢を複数回用いることはないものとする。

統計量に関連してさまざまな記号が用いられる。[(1)]もいくつか用いられるが，和を表す記号として大文字の[(2)]が用いられ，小文字の[(1)]も平均値として[(3)]が，標準偏差として[(4)]が用いられる。また，xの平均値として[(5)]と書かれることもあるが，xに線分を書き加える形で[(6)]と書かれることもある。

【選択肢】

ア．ドイツ文字	イ．イタリア文字	ウ．ギリシャ文字
エ．Γ	オ．Ω	カ．Σ
キ．μ	ク．ν	ケ．ξ
コ．ϕ	サ．σ	シ．$F(x)$
ス．$E(x)$	セ．$V(x)$	ソ．$\vert x$
タ．$x\vert$	チ．$\overline{x}$	ツ．$\underline{x}$
テ．$\lfloor x$	ト．$\lceil x$	ナ．$\overline{x}\vert$

【解答欄】

(1)	(2)	(3)	(4)	(5)	(6)

【問題2】

解説

それぞれの［　　］に正解となる用語を入れて，あらためて文章を掲載しますと，次のようになります。Σはシグマの大文字，σはシグマの小文字，μはミューの小文字ですね。ギリシャ文字は，数学をはじめ理系の多くの分野でいろいろな記号として用いられています。また，$E(x)$は平均値（期待値），$V(x)$は分散を意味する記号でしたね。平均値には，$\overline{x}$（エックスバー）という書き方もあります。

統計量に関連してさまざまな記号が用いられる。**ギリシャ文字**もいくつか用いられるが，和を表す記号として大文字のΣが用いられ，小文字のギリシャ文字も平均値としてμが，標準偏差としてσが用いられる。また，xの平均値として$E(x)$と書かれることもあるが，xに線分を書き加える形で$\overline{x}$と書かれることもある。

解答

(1)	(2)	(3)	(4)	(5)	(6)
ウ	カ	キ	サ	ス	チ

【問題3】

次に示す指標について，それがかたよりを表現するものであればKを，ばらつきを表現するものであればＢを，そのどちらでもないものについてはＸを解答欄に記入せよ。

(1)　相加平均値　　(1)

(2)　標準偏差　　(2)

(3)　中央値　　(3)

(4)　変動係数　　(4)

(5)　範囲　　(5)

【解答欄】

(1)	(2)	(3)	(4)	(5)

【問題３】

解説

誤差には，**かたより**（**かたより誤差**）と**ばらつき**（**ばらつき誤差**）とがあります。

a）かたより：真の値からのずれ（測定値の平均から真の値を引いた値）
b）ばらつき：測定値の大きさがそろっていないこと（不ぞろいの程度）

⑴　平均値は，相乗平均であっても相加平均であっても，あるいは，またその他の平均であっても，値の「ずれ」を表しますので，かたより誤差となります。
⑵　標準偏差は，分散の平方根です。やはり，分散と同様で，ばらつきを表します。
⑶　中央値はメディアンとも呼ばれる指標です。一点のもののように見えますが，データの中央に位置するものですので，かたより誤差を表すことになります。
⑷　変動係数は，標準偏差を平均値で割ったものです。それを100倍してパーセント表示することもあります。やはりばらつきを表す指標となります。
⑸　範囲という指標は，最大値から最小値を引いたものです。データのすべてがこの中にあるという幅を示すものですので，ばらつきを表す指標となります。

解答

⑴	⑵	⑶	⑷	⑸
K	B	K	B	B

発展問題

【問題4】

2種のデータ$(x_i, y_i)(i = 1 \sim n)$の組において偏差積和S_{xy}は，x_iの偏差とy_iの偏差の積の総和として定義される。次の式のうち，S_{xy}に一致するものには○を，一致しないものには×を解答欄に記入せよ。

ただし，$\bar{x}$ および$|x|$は，それぞれ，xの平均値および絶対値を表す記号であるとする。

(1) $\sum_{i=1}^{n} x_i (y_i - \bar{y})$ 　(1)

(2) $\sum_{i=1}^{n} |x_i - \bar{x}| \cdot |y_i - \bar{y}|$ 　(2)

(3) $\sum_{i=1}^{n} x_i y_i - n\bar{x}\,\bar{y}$ 　(3)

(4) $\sum_{i=1}^{n} x_i y_i - \frac{1}{n}\left(\sum_{i=1}^{n} x_i\right)\left(\sum_{i=1}^{n} y_i\right)$ 　(4)

(5) $\sum_{i=1}^{n} x_i y_i - \bar{x}\,\bar{y}$ 　(5)

【解答欄】

(1)	(2)	(3)	(4)	(5)

【問題4】

解説

⑴　この式は，S_{xy}に一致します。S_{xy}の定義は

$$S_{xy}=\sum_{i=1}^{n}(x_i-\overline{x})(y_i-\overline{y})$$

となっていますが，⑴の式を次のように変形してみると，

$$\begin{aligned}\sum_{i=1}^{n}x_i(y_i-\overline{y})&=\sum_{i=1}^{n}(x_i-\overline{x}+\overline{x})(y_i-\overline{y})\\&=\sum_{i=1}^{n}(x_i-\overline{x})(y_i-\overline{y})+\overline{x}\sum_{i=1}^{n}(y_i-\overline{y})\\&=S_{xy}+\overline{x}\sum_{i=1}^{n}y_i-\overline{x}\,\overline{y}\sum_{i=1}^{n}1\end{aligned}$$

この式の後ろの2項は$\sum_{i=1}^{n}y_i=n\overline{y}_i$，$\sum_{i=1}^{n}1=n$であることを考えれば打消し合ってなくなります。

⑵　この式では，差の絶対値の積が積算されていますが，それでは積和そのものにはなりませんね。

⑶　これはS_{xy}と一致します。それは次の計算で確認できます。

$$\begin{aligned}\sum_{i=1}^{n}(x_i-\overline{x})(y_i-\overline{y})&=\sum_{i=1}^{n}(x_iy_i-x_i\overline{y}-\overline{x}y_i+\overline{x}\,\overline{y})\\&=\sum_{i=1}^{n}x_iy_i-\overline{y}\sum_{i=1}^{n}x_i-\overline{x}\sum_{i=1}^{n}y_i+\overline{x}\,\overline{y}\sum_{i=1}^{n}1\\&=\sum_{i=1}^{n}x_iy_i-n\overline{x}\,\overline{y}-n\overline{x}\,\overline{y}+n\overline{x}\,\overline{y}\\&=\sum_{i=1}^{n}x_iy_i-n\overline{x}\,\overline{y}\end{aligned}$$

⑷　これは$\sum_{i=1}^{n}x_i=n\overline{x}$などの式を使うと⑶の式と同じであることがわかります。

⑸　この式を⑶や⑷の式と比べると明らかに違っていることがわかりますね。

解答

⑴	⑵	⑶	⑷	⑸
○	×	○	○	×

【問題5】

確率分布に関する次の文章において，正しいものには○を，誤りを含むものには×を，解答欄に記入せよ。

(1) 確率分布とは確率変数の関数であって，その値は負になることがなく，つまり常に0以上であって1以下の値をとり，すべての確率変数に対して積算すると必ず1となる。 [(1)]

(2) 正規分布表を用いれば，標準正規分布の特定範囲に入る確率を求めることができる。 [(2)]

(3) 二項分布は，相反する二つの事象だけが起こる場合の確率分布であり，それらの生起確率を p および q とするとき，$p+q=100$ が成り立つ。 [(3)]

(4) 正規分布は離散分布の，そして，二項分布は連続分布の代表的な例である。 [(4)]

(5) 正規分布において，確率変数はマイナス無限大からプラス無限大までの範囲で定義されるが，絶対値の大きい領域では正規分布の値は限りなくゼロに近いものとなるので，現実的には無視しても構わない。 [(5)]

(6) 工程で生産される製品について，不適合率が p であるような無限母集団での，大きさ n の標本に含まれる不適合品の数の分布は二項分布に従う。 [(6)]

(7) 二項分布は，コインの表裏のように2つの現象（事象）しかない時の分布である。2つの事象の確率を s および t とすると，$s+t=1$ であるから，その試行を n 回繰返した時に，s が x 回，t が y 回起こる確率は，次式のようになる。$(x+y=n)$

$${}_nP_x s^x t^y = {}_nP_x s^x (1-s)^{n-x}$$

[(7)]

【解答欄】

(1)	(2)	(3)	(4)	(5)	(6)	(7)

【問題5】

解説

(1) 記述のとおりです。

(2) これも，記述のとおりです。

(3) 確率は，0や1の数値，あるいは，0から1の間の数値をとります。
したがって，$p+q=100$ではなくて，$p+q=1$となります。

(4) 記述は逆になっています。正規分布は連続分布の，そして，二項分布は離散分布の代表的な例です。

(5) 記述のとおりです。

(6) 不適合であるかないかの二つの事象の統計ですので，その分布は二項分布に従います。正しい記述です。

(7) ${}_nP_x$は順列と呼ばれるものですが，二項分布の係数は順列ではなくて，組み合わせ${}_nC_x$（n個からx個を取る組合せ）でなければなりません。本問の確率について，正しくは次のようになります。

$${}_nC_x s^x t^y = {}_nC_x s^x (1-s)^{n-x}$$

解答

(1)	(2)	(3)	(4)	(5)	(6)	(7)
○	○	×	×	○	○	×

『お客様』を大事にした長嶋茂雄選手

長嶋茂雄さんは，正真正銘の，日本の高度経済成長時代のスーパースターでした。その時代の多くの子供たちの憧れであり，サラリーマンの労働意欲の原動力でもありました。戦後日本において，国民の多くを魅了した第一人者と言って過言ではなかったと思います。彼が引退した後，たぶん，時の政権としては国民栄誉賞を授与したかったと思いますが，しかし，国民栄誉賞をあげる理由がなかなかなかったのではないでしょうか。ホームランでも一番ではない，その他の記録でも一番ではない。むしろ「記録より記憶」という人でした。

彼は，天覧試合（天皇陛下の観戦された試合）など，ここぞという時には華々しいホームランを打ち，三塁を守る彼の前に転がってくるなんでもないゴロをいかにもファインプレーでさばいたかのように見せる（魅せる！）名人でした。言ってみれば，「ショーマンシップの塊（かたまり）」のような人でした。

つまり，「お客様」が見て楽しんだり喜んだりすることのためにトコトン努力した人と言えるかもしれません。それは，お客様に対する一種の「おもてなし」と言えるかもしれないと思います。

こういう言い方はまことに失礼かとは思いますが，弟子の松井秀喜さんが引退することをきっかけに，やっと同時受賞として国民栄誉賞が与えられたのではないでしょうか。

一声と三声は売らぬ金魚売り

江戸時代から川柳という文学が日本には生まれています。それまでにあった俳句とはまた違った世界を表現しています。しかし，個々の川柳の意味は，その舞台設定や時代背景がわからないと理解できないことも多いように思います。

はたして，タイトルに上げた川柳はどういう意味でしょう？お分かりになるでしょうか？

夏は，今ほどではないかもしれませんが，やはり当時も暑い季節でした。しかし，現在と違ってクーラーも冷蔵庫もない時代，うちわか扇子程度しかない時代でした。そういう中で，江戸の人も一生懸命涼しくなることを考えたのでしょう。いろいろな工夫がありました。風鈴もその一つで，音がするだけでも涼しさを感じさせます。また，水槽に入った金魚を眺めているうちに，自分も金魚になったつもりで，水槽の中を泳いでいる気分になったのではないでしょうか。

そのように金魚で涼を取りたいという人のために，金魚売りは当時の多くの行商人と同様に，天秤棒をかついで売って歩きました。暑さにうだってぐったりしている人に，金魚を売りに来たことをどのように知らせることが場に合ったものかと，考えたのでしょう。生きのいい食べる魚を売るような威勢のよい売り方はふさわしくないでしょう。

「きんぎょ～～～い。金魚」

この売り声は，初めの「きんぎょ～～～い」はゆっくりと多少はけだるく息長く発声し，次の「金魚」でははっきりと伝わるように口にします。はじめの長い発声で，「おや，何か売りに来たのかな」と耳を澄ます気分にさせて，それに対して，はっきりと「金魚」と伝えます。

「お客様」にどのようにして，効率よく営業をするか，当時の金魚屋さんも考えたものですね。

第2節　QC七つ道具　重要度 A

・・● 重要事項（よく見ておいて問題に挑戦しましょう）●・・

◆ QC七つ道具

種　　類	内　　容
特性要因図（魚の骨図）	要因が結果に関係し影響している様子を示す図
パレート図 （累積度数分布図）	発生頻度を整理して，頻度の順に棒グラフにし，累積度数を折れ線グラフで付加したもの
チェックシート	頻度情報を加筆しつつ整理できるようにした表
ヒストグラム（柱状図）	計量値のデータの分布を示した棒グラフ
散布図	二つの変量を座標軸上のグラフとして打点したもの
グラフ	数量データを表わすための図形
管理図（工程能力図）	工程などを管理するために用いられる折れ線グラフ

ここで，管理図と工程能力図は類似のものですが，必ずしも同一ではありません。また，グラフと管理図を合体させて，新たに次の層別を加える立場もあります。

層別	データを要因に分けて整理することとしたもの

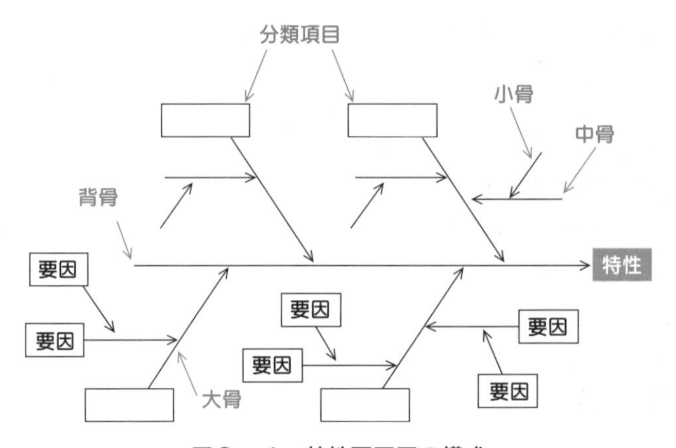

図2－4　特性要因図の構成

問題に対して
原因となることが多すぎて
まったく整理ができません
そうですか。それでは，
図2－4のような方法を使ったらどうでしょう…
…ということから始まったの
が特性要因図だそうです
石川　馨　博士

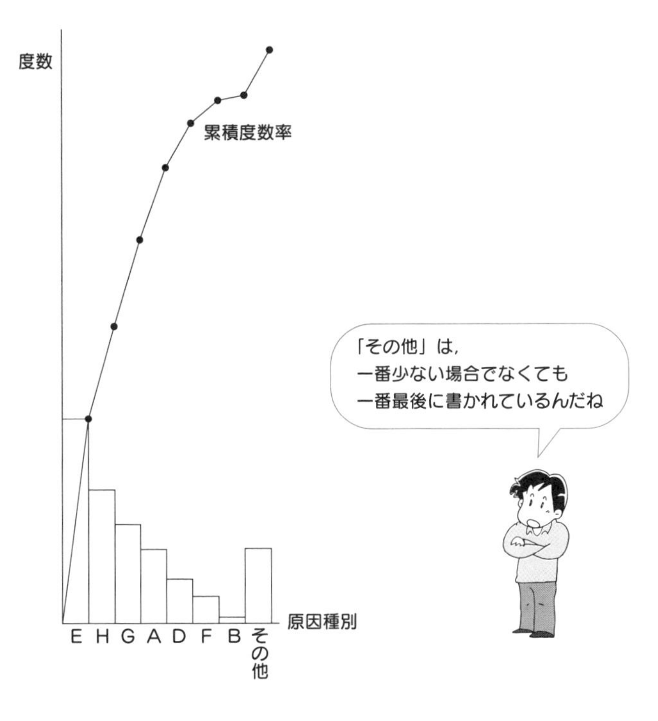
度数
累積度数率
原因種別
E
H
G
A
D
F
B
その他
「その他」は，
一番少ない場合でなくても
一番最後に書かれているんだね

図2－5　パレート図の例

工程異常のチェックシート

異常項目	A工程	B工程	C工程
回転不良	正	下	一
劣化	丁	一	丁
液漏れ	下		下
腐食	一	一	正
その他	丁	一	下

図２－６　チェックシートの例

管理に必要な項目や図などがあらかじめ印刷されていて，テスト記録，検査結果，作業点検記録等の確認や記録が，簡単なチェック・マークを付けることでできるようになっている用紙を**チェックシート**といいます。

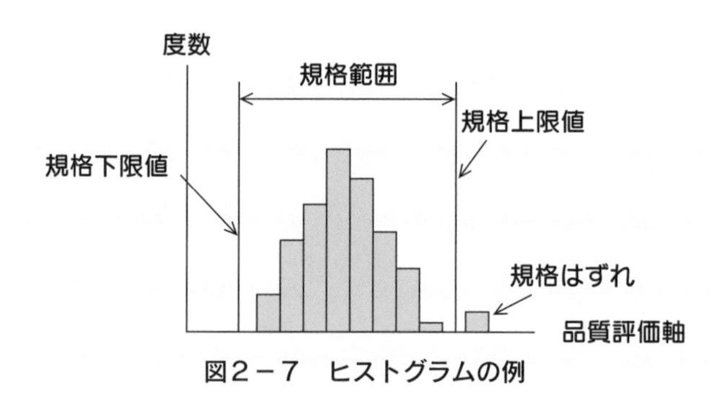

図２－７　ヒストグラムの例

数量データの分布を示した棒グラフ（柱状グラフ）で，全体の分布状況を一目で把握することができます。一般にデータ数や平均値，標準偏差などが付記されることも多く，また，品質規格の上限値と下限値が表示され，規格から外れているものがどの程度あるのかを把握することもできます。横軸にとる柱の幅を**区分**（**区間**）あるいは**級**といいます。

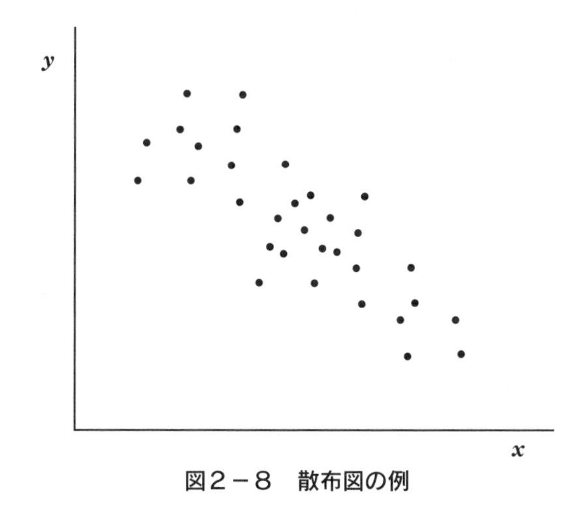

図2－8　散布図の例

二つの変量の間の関係を把握しやすくするために，座標軸上のグラフとしてプロット（打点）したものが散布図です。

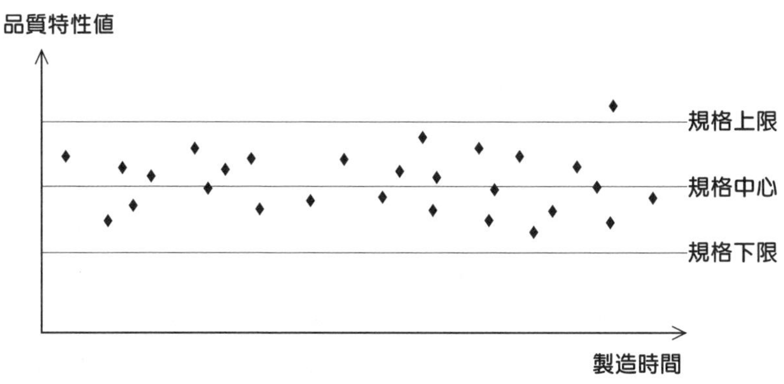

図2－9　品質特性の工程能力図の例（プロット図）

工程などを管理するために用いられるプロット図（打点した図）や折れ線グラフを**管理図**，あるいは，**工程能力図**などと呼んでいます。

試験によく出る重要問題

基本問題

【問題 1】

よく用いられている QC 七つ道具の手法に特性要因図がある。その特性要因図に関する次の各々の文章において，正しいものには○を，正しくないものには×を解答欄に記入せよ。

⑴ 多くの原因や要因が品質特性や目的とする結果に対して，どのように関係し影響しているかを系統樹としての矢線図で整理した図を特性要因図という。 ［(1)］

⑵ 別名として特性要因図は，馬の骨図という言い方もなされる。 ［(2)］

⑶ 特性要因図は一般に系統樹に見立てられて，それぞれの矢線を段階的に大枝，中枝，小枝などと呼ぶこともあるが，より一般的には背骨，大骨，中骨，小骨などと呼ばれることも多い。 ［(3)］

⑷ 特性要因図では，要因をできるだけ挙げて整理することに主眼を置くので，水準を数字で示すことなどは一般にしないほうがよいとされている。 ［(4)］

⑸ 特性要因図は，QC 七つ道具の中においては，例外的に言語データを扱う手法となっている。 ［(5)］

【解答欄】

⑴	⑵	⑶	⑷	⑸

【問題１】

解説

石川馨（かおる）博士が始めたものとされていますが，原因（要因）が結果（品質特性など）にどのように関係し，また影響しているかを示す図として，**特性要因図**があります。特性に対してその発生の要因と考えられる事項とを矢印で結んで図示したものです。その形から**魚の骨図**（Fishbone Diagram）とも呼ばれます。七つ道具の中では，例外的に（数量ではなくて）情報を扱う手法ですが，みんなで作成することによって，一部の人の情報や考え方を全員で共有することもできます。

(1) 記述の通りです。品質特性や目的とする結果に対して，多くの原因や要因がどのように関係し影響しているかを系統樹としての矢線図で整理した図を特性要因図といいます。

(2) 特性要因図は，別名として馬の骨図という言い方はされません。実際にはその図の形から魚の骨図といわれます。

(3) 記述の通りです。特性要因図は一般に系統樹に見立てられて，それぞれの矢線を段階的に大枝（おおえだ），中枝（なかえだ），小枝（こえだ），孫枝（まごえだ）などと呼ぶこともありますが，より一般的には背骨，大骨（おおぼね），中骨（なかぼね），小骨（こぼね），孫骨（まごぼね）などと呼ばれることも多くなっています。孫枝や孫骨という場合には，小枝や小骨などよりも，子枝や子骨などとしたほうが良いかもしれませんね。

(4) これも記述の通りです。特性要因図では，要因をできるだけ挙げて整理することに主眼を置くので，水準を数字で示すことなどは一般にしないほうが良いとされています。

(5) これもやはり記述の通りです。特性要因図は，QC 七つ道具の中においては，例外的に言語データを扱う手法となっています。逆に，新 QC 七つ道具においては，言語データがほとんどであることと対照的なものとなっています。

解答

(1)	(2)	(3)	(4)	(5)
○	×	○	○	○

標準問題

【問題2】

次に示すような名称で表現されるヒストグラムに該当するものを選択肢から選んで解答欄に記入せよ。ただし，同一の選択肢を複数回用いることはないものとする。

(1) 絶壁型 (1)
(2) 離れ小島型 (2)
(3) 一般型 (3)
(4) 歯抜け型 (4)
(5) 二山型 (5)

【選択肢】

(ア)
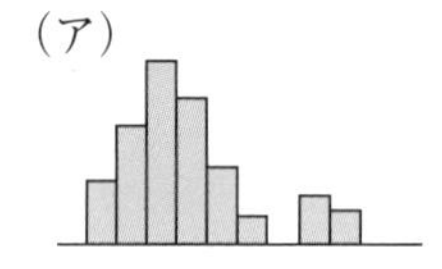

(イ)
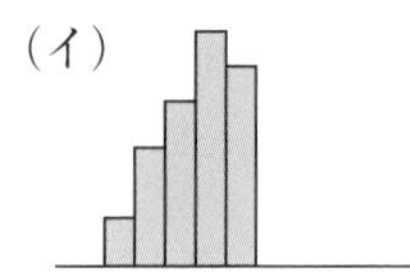

(ウ)
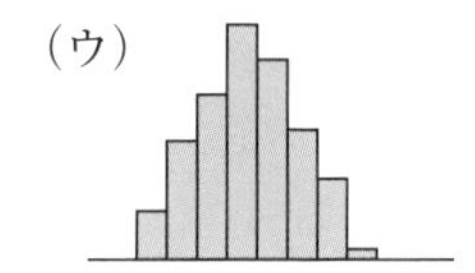

(エ)
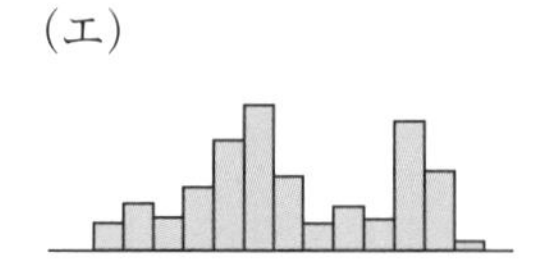

(オ)
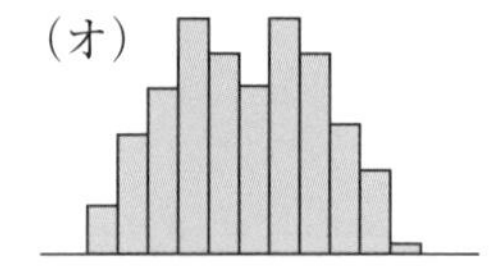

【解答欄】

(1)	(2)	(3)	(4)	(5)

【問題2】

解説

ヒストグラムは，柱状図とも呼ばれ，数量データの分布を示した棒グラフ（柱状グラフ）で，全体の分布状況を一目で把握することができます。一般にデータ数や平均値，標準偏差などが付記されることも多く，また，品質規格の上限値と下限値が表示され，規格から外れているものがどの程度あるのかを把握することもできます。

⑴　絶壁型のヒストグラムとは，右側あるいは左側がそそり立っている形（切れてなくなっている形）になっているものをいいます。（イ）のヒストグラムは右側がそそり立っている形ですので，右絶壁型と呼ばれます。逆に，左側がそそり立っている形が左絶壁型で，右絶壁型と左絶壁型を併せて，単に絶壁型といいます。

⑵　離れ小島型のヒストグラムとは，多くのデータから少し間をおいてデータが存在しているような（ア）のようなヒストグラムをいいます。

⑶　一般型のヒストグラムとは，一つの山の形をしていて，ほぼ左右対称に近い状態をしているものをいいます。正常型ということもあります。

⑷　歯抜け型のヒストグラムとは，たくさんのピークが見える場合です。櫛（くし）の歯型と呼ばれる場合もあります。かなり乱れた櫛になっていますが（笑）。

⑸　二山型ヒストグラムとは，ピークが二つ見えるケースです。ばらつき原因が複数個存在することなどが考えられます。適切に層別してグラフを書き直せば，正常型になる場合もあります。

解答

⑴	⑵	⑶	⑷	⑸
イ	ア	ウ	エ	オ

【問題３】

QC 七つ道具に関して述べられた次の文章中の空欄［(1)］～［(8)］に最も適切に該当する語句を，選択肢より選んで解答欄に記入せよ。ただし，同一の選択肢を空欄の異なる数字の解として用いることはないものとする。

QC 七つ道具の各手法においては，それぞれの手法ごとに特徴あるグラフや表現法が用いられる。

ヒストグラムは，［(1)］に変量軸を取り，［(2)］に度数をとるもので，基本グラフとしては［(3)］を隣と接する形で配置する。

パレート図も，［(3)］を隣と接する形で配置するが，その図に［(4)］の［(5)］を重ねて累積比率（寄与率）を表現する。

管理図は，［(1)］を時間の軸にとり，［(2)］には［(6)］，あるいはその平均値が記入されるが，図中に［(7)］が記入されることも特徴の一つである。

散布図は，通常二つの変量軸として［(1)］と［(2)］が用いられ，その二つの変量に関するデータが，平面上に［(8)］される。

【選択肢】

ア．品質管理線　　イ．管理限界線　　ウ．円グラフ
エ．横軸　　オ．縦軸　　カ．折れ線グラフ
キ．打点（プロット）　　ク．消去　　ケ．棒グラフ（柱状グラフ）
コ．品質特性値　　サ．品質表現値　　シ．レーダーチャート
ス．右上がり　　セ．右下がり　　ソ．ガントチャート

【解答欄】

(1)	(2)	(3)	(4)	(5)	(6)	(7)	(8)

【問題３】

解説

QC 七つ道具に用いられる基本的な手法に関する問題です。それぞれがどのような表現方法になっているかを理解されていればおわかりのことと思います。

正しい語句を入れた文章を以下に示します。それぞれの用語の意味を確認しておいて下さい。

ヒストグラムは，横軸に変量軸を取り，縦軸に度数をとるもので，基本グラフとしては棒グラフ（柱状グラフ）を隣と接する形で配置する。

パレート図も，棒グラフ（柱状グラフ）を隣と接する形で配置するが，その図に右上がりの折れ線グラフを重ねて累積比率（寄与率）を表現する。

管理図は，横軸を時間の軸にとり，縦軸には品質特性値，あるいはその平均値が記入されるが，図中に管理限界線が記入されることも特徴の一つである。

散布図は，通常二つの変量軸として横軸と縦軸が用いられ，その二つの変量に関するデータが，平面上に打点（プロット）される。

解答

(1)	(2)	(3)	(4)	(5)	(6)	(7)	(8)
エ	オ	ケ	ス	カ	コ	イ	キ

発展問題

【問題4】

QC 七つ道具と呼ばれるものに関する次の各々の文章において，正しいものには○を，正しくないものには×を解答欄に記入せよ。

(1) 頻度情報を加筆しつつ，最後にそれらの累積比率が整理できるようにされた表は，チェックシートと呼ばれる。 [(1)]

(2) 要因が結果に関係し影響している様子を示す系統図は，親和図と呼ばれ，別名として，馬の骨図ともいわれる。 [(2)]

(3) 発生頻度を整理して，頻度の順に棒グラフにし，累積度数を折れ線グラフで付加したものは，パレート図と呼ばれ，正式に，柱状図と呼ばれることもある。 [(3)]

(4) 計量値のデータの分布を示した棒グラフは，ヒストグラムと呼ばれる。 [(4)]

(5) 管理図とは，工程などを管理するために用いられる折れ線グラフである。 [(5)]

【解答欄】

(1)	(2)	(3)	(4)	(5)

【問題４】

解説

⑴　頻度情報を加筆しつつ，最後にそれらが整理できるようにされた表は，チェックシートです。

⑵　要因が結果に関係し影響している様子を示す系統図は，特性要因図と呼ばれます。別名，魚の骨図ともいわれます。

⑶　発生頻度を整理して，頻度の順に棒グラフにし，累積度数を折れ線グラフで付加したものは，パレート図と呼ばれることは正しいです。しかし，それは柱状図とは呼ばれません。正しくは，累積度数分布図です。

⑷　正しい記述です。計量値のデータの分布を示した棒グラフは，ヒストグラム，あるいは，柱状図です。

⑸　管理図とは，工程などを管理するために用いられる折れ線グラフです。工程能力図も，多少の表現の違いはあっても，同類です。

解答

⑴	⑵	⑶	⑷	⑸
○	×	×	○	○

【問題５】

パレート図の具体例を以下に４図示すが，(1)～(4)について，評価した文章として選択肢から正しいものを選んで解答欄に記入せよ。ただし，同一の選択肢を複数回用いることはないものとする。

(1)

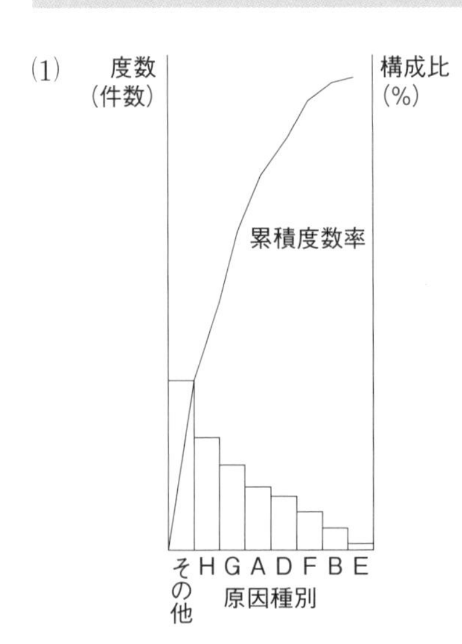

(2)

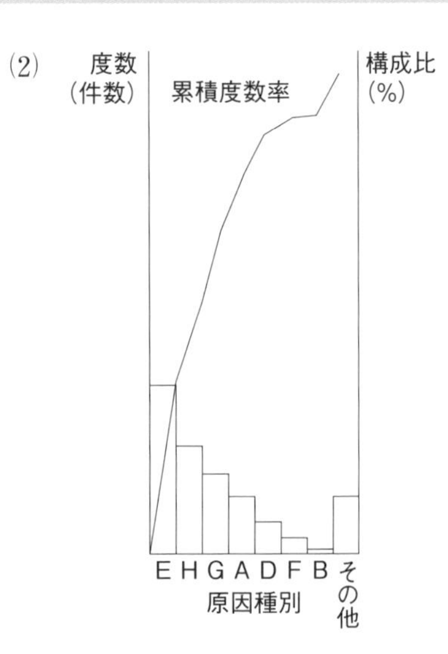

(3)

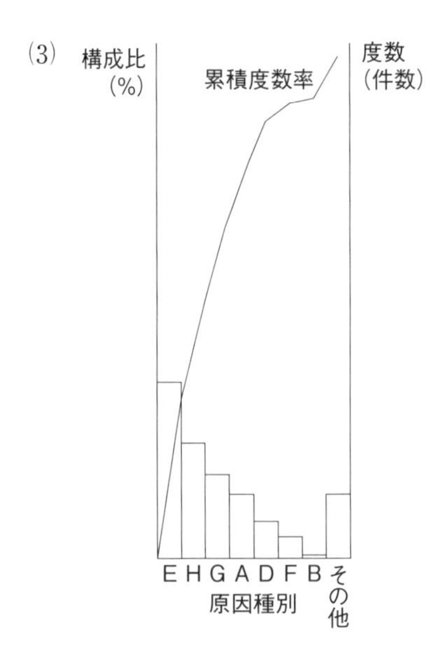

(4)

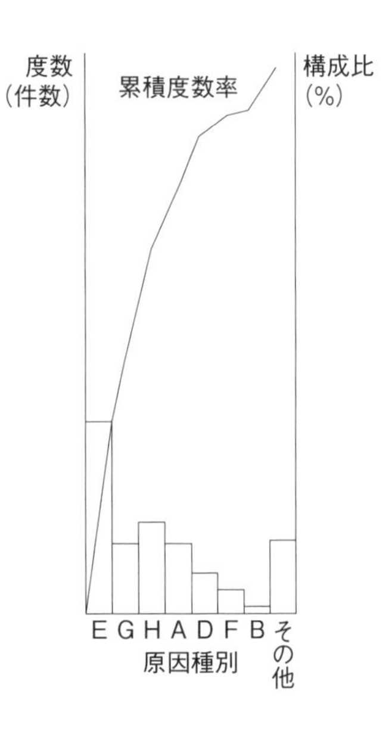

【選択肢】

ア．すぐに不適当とは言えないが，「その他」がトップに位置するものとなっており，その中身をさらに詳しく分類して，隠れている大きな改善項目がないかどうかを再検討する必要がありそうなパレート図である。

イ．横軸である「原因種別」の中で，GやHが度数の順序に並べられていないことは不自然である。横軸は，度数の順に並べることがパレート図作成の基本となっている。

ウ．形の上からは表現上の問題点は見えず，妥当なパレート図である。

エ．構成比（%）が左側の縦軸に記載されており，これは通常には行われない記法である。実データとしての度数（件数）を左縦軸に，その結果としての構成比（%）を右縦軸に配置することが望ましい。

【解答欄】

(1)	(2)	(3)	(4)

【問題5】

解説

パレート図とは，不具合現象などの発生頻度を，その原因追究や対策検討の目的のために分類項目別に整理して，頻度の大きい順に棒グラフにし，その累積の度数を折れ線グラフにしたものです。折れ線グラフは最後には100%になります。分類項目のその他のものを最後に書くことも多くなっています。頻度の大きい順に表わすことは，効果の大きいものについて重点的に対策を取ることがしやすいよう配慮したものです。

(1) このパレート図では，「その他」がトップに位置するものとなっており，その中身をさらに詳しく分類して，隠れている大きな改善項目がないかどうかを再検討する必要がありそうなパレート図です。

(2) このパレート図は，形の上からは表現上の問題点は見えず，妥当なパレート図といえます。

(3) 構成比（%）が左側の縦軸に記載されていることは一般には行われない記法です。実データとしての度数（件数）を左縦軸に，その結果としての構成比（%）を右縦軸に配置することが望ましいとされています。

(4) 横軸である「原因種別」の中で，GやHが度数の順序に並べられていないことは不自然です。横軸は，度数の順に並べることがパレート図作成の基本となっています。

解答

(1)	(2)	(3)	(4)
ア	ウ	エ	イ

わしも 七つ道具は
もっておるがなぁ
“弁慶の七つ道具”と
呼ばれておる。

第3節　新QC七つ道具　重要度 C

•••● 重要事項（よく見ておいて問題に挑戦しましょう）●•••

◆ 新QC七つ道具

種　類	内　容
親和図法（KJ法）	多くの言語データを，それらの間の親和性（似ている程度）によって整理する手法
連関図法	複数で複雑な因果関係のある事象について，それらの関係を論理的に矢印でつないで整理する手法
系統図法	目的や目標を達成するために必要な手段や方策を，系統的に展開して整理する手法
マトリックス図法	二次元や他次元に分類された項目の要素の間の関係を，系統的に検討して問題解決の糸口を得る手法
マトリックスデータ解析法	数値化できるマトリックス図の場合に，その数値を加工し解析して見通しをよくして問題解決に至る手法
アロー・ダイヤグラム法（PERT図法）	多くの段階のある日程計画を，効率的に立案し進度を管理することのできる矢線図
PDPC法（過程決定計画法）	困難な課題解決の進行過程において，あらかじめ考えられる問題を予測して対策を立案し，その進行を望ましい方向に導く手法

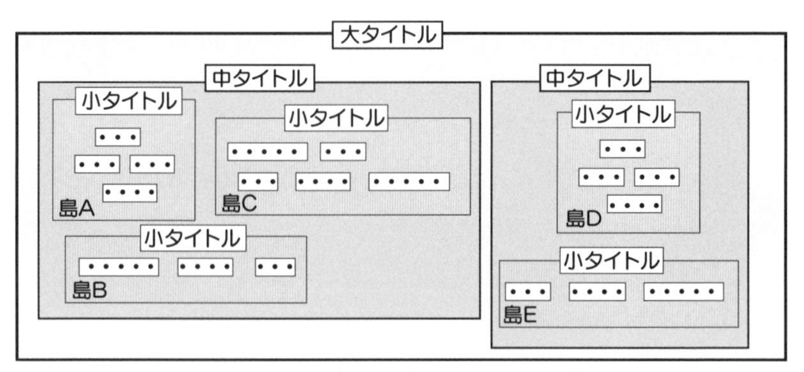

図2−18　親和図法のまとめ方の例

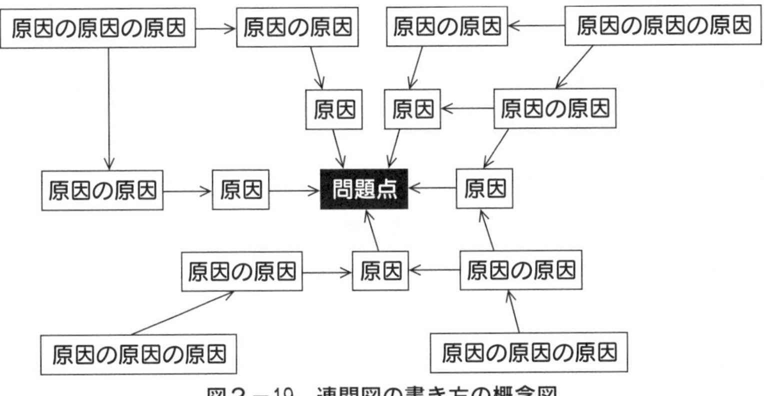

図2－19　連関図の書き方の概念図

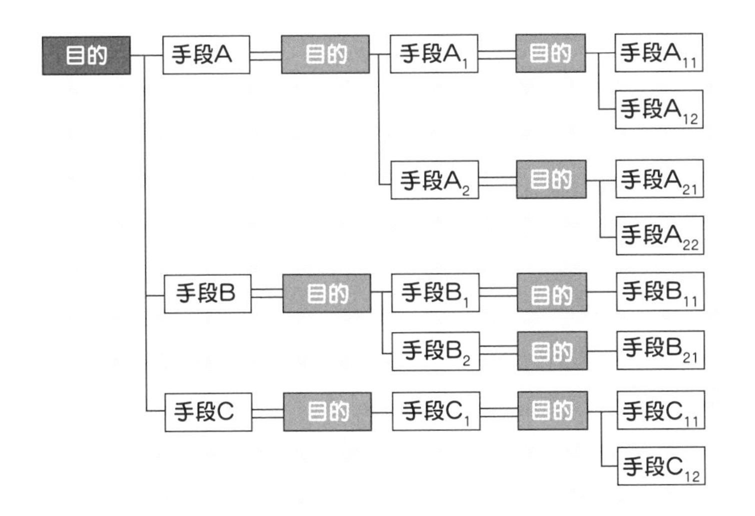

目的に対する手段を
論理的に「これしかない」として
展開した例

図2－20　系統図法の例

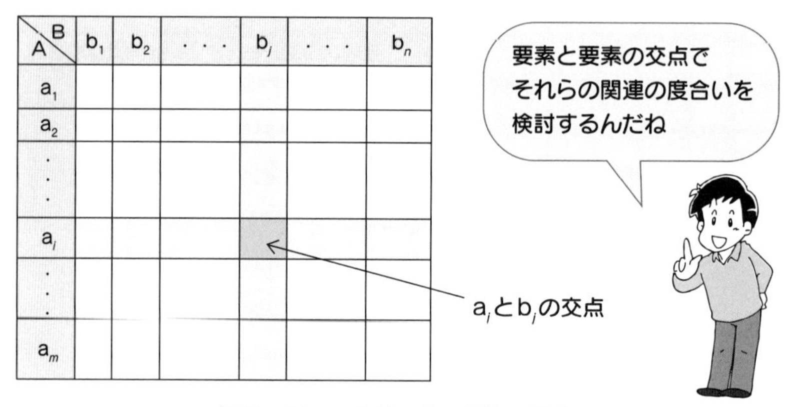

図2－21　マトリックス図法の概念

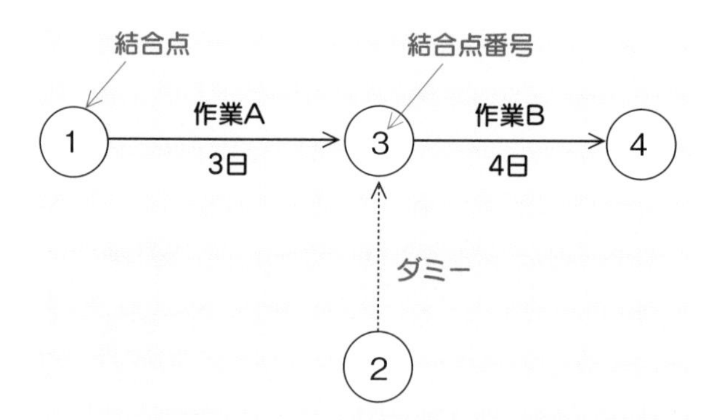

図2－22　アロー・ダイヤグラム法の例

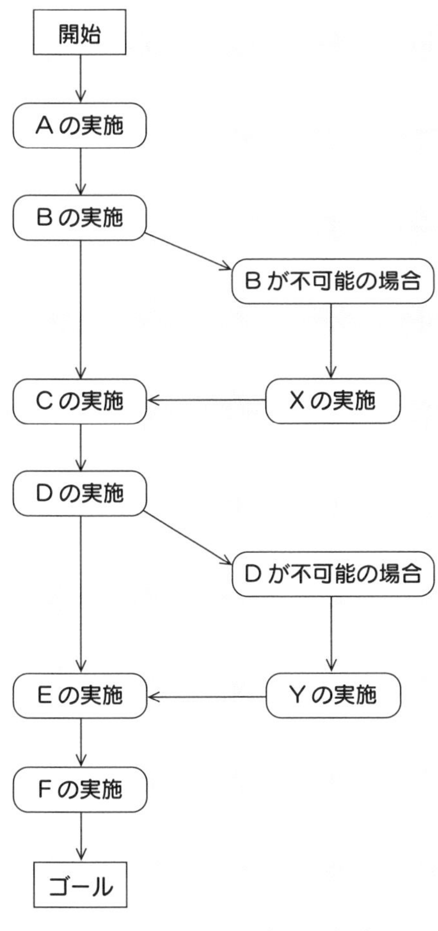

図2－23　PDPC法の記法例

試験によく出る重要問題

基本問題

【問題1】

PERT図法に関する次の各々の文章において，正しいものには○を，正しくないものには×を解答欄に記入せよ。

(1) 多くの順序だった作業がある仕事のまとまり全体を効率よく進行させるために，それらの作業の順序関係を矢線で結んで表すネットワーク図をPERT図と呼んでいる。 [(1)]

(2) PERT図法は，正式名称をフロー・ダイヤグラム法という。 [(2)]

(3) 矢線で示される作業の開始時点を始点，終了時点を終点と呼ぶ。 [(3)]

(4) ダミー作業とは，作業時間が0であるような架空の作業を意味し，通常は波線の矢線で表わされる。 [(4)]

(5) PERT図を基にすると，仕事の進行管理がしやすくなる。 [(5)]

【解答欄】

(1)	(2)	(3)	(4)	(5)

【問題1】

解説

⑴　記述の通りです。多くの順序だった作業がある仕事のまとまり全体を効率よく進行させるために，それらの作業の順序関係を矢線で結んで表わすネットワーク図あるいは矢線図をPERT図と呼んでいます。

⑵　PERT図法は，正式名称をフロー・ダイヤグラム法ではなくて，アロー・ダイヤグラム法といいます。フロー・ダイヤグラムは流れ図と訳しますし，PERT図法も流れ図の形をとってはいますが，正式名称としてはアロー（矢線）を使った図ということで，アロー・ダイヤグラム法といっています。

⑶　これは記述の通りです。矢線で示される作業の開始時点を始点，終了時点を終点と呼びます。

⑷　これは誤りです。ダミー作業が作業時間が0であるような架空の作業を意味することは正しいのですが，通常は波線の矢線ではなくて，破線あるいは点線の矢線で表わされます。

⑸　これも記述の通りです。PERT図を基にすると，仕事（プロジェクト）の進行管理（進度管理）がしやすくなります。

解答

⑴	⑵	⑶	⑷	⑸
○	×	○	×	○

標準問題

【問題2】

次に示すようなQC手法の概念図は何という手法のものか，該当する適切な手法名を選択肢から選んで解答欄に記入せよ。ただし，同一の選択肢を複数回用いることはないものとする。

(1)

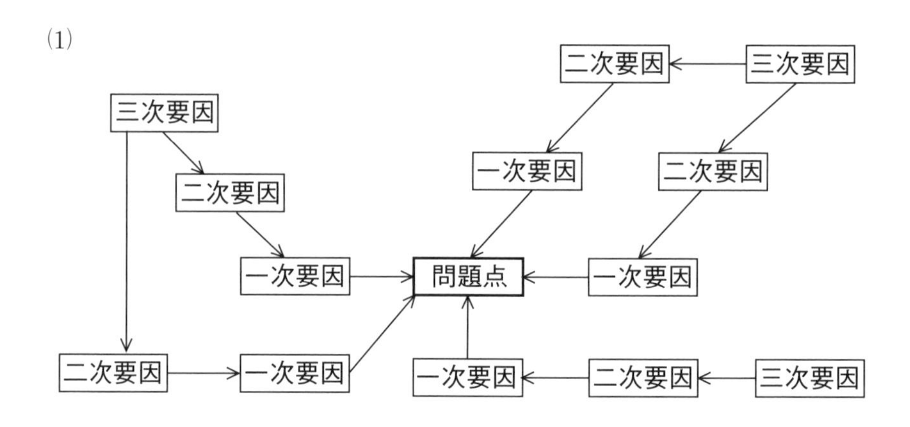

(2)

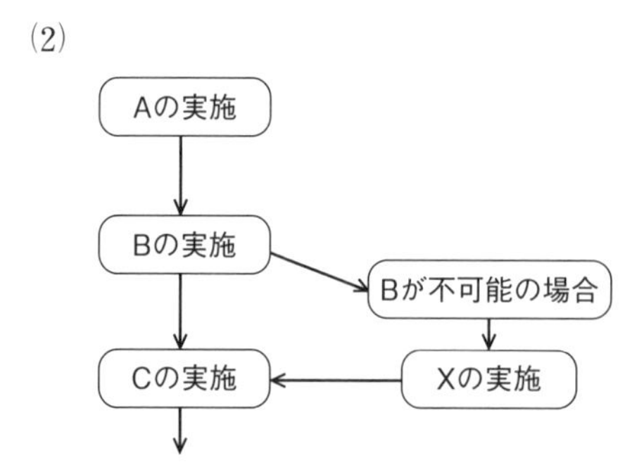

(3)

要素＼要素	A_1	A_2	A_3	A_4	A_5
B_1					
B_2		○		×	
B_3			◎	×	
B_4	○			△	
B_5	○	◎			△

(4)

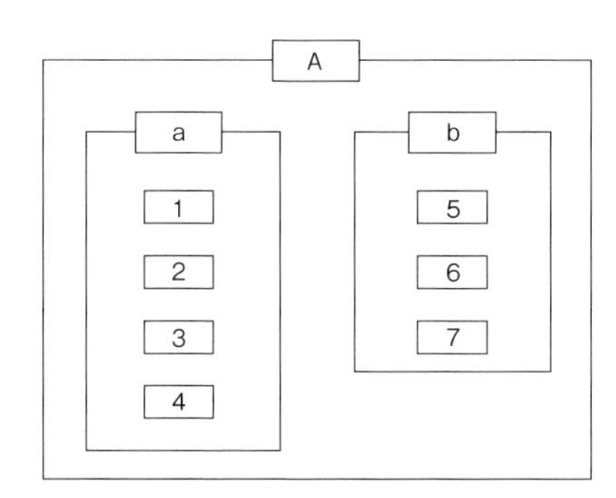

(5)

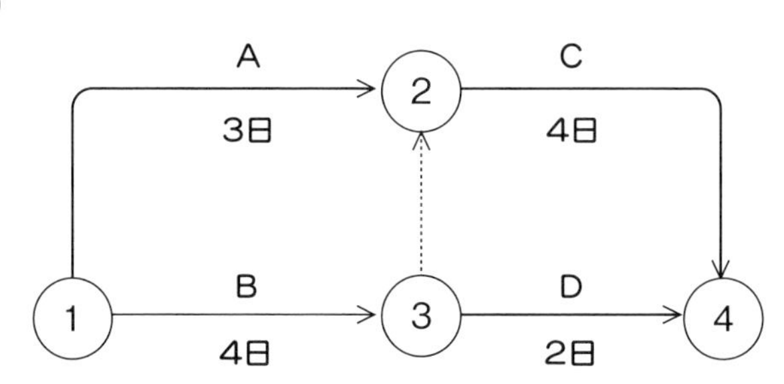

第2章

【選択肢】

ア．特性要因図　　イ．パレート図　　ウ．PDPC 法
エ．系統図法　　オ．PERT 図法　　カ．マトリックス図法
キ．連関図法　　ク．管理図　　ケ．親和図法

【解答欄】

(1)	(2)	(3)	(4)	(5)

【問題2】

解説

⑴ これは連関図法のものですね。原因と結果の因果関係が示されています。一次要因，二次要因，三次要因を，それぞれ一次原因，二次原因，三次原因と呼ぶ場合もあります。

⑵ この図はPDPC法のものです。ある計画プログラムが不可能である場合にも別な代替案を示して計画の流れ図を作成します。

⑶ このように縦と横の組み合わせのマトリックス（行列）をもとに検討することも抜けのないようにするためには重要です。これはマトリックス図法になります。

⑷ このように類似の情報を近い位置にまとめて，全体を把握する手法が親和図法です。KJ法（あるいは，トランプ式KJ法ということでTKJ法）ともいわれます。

⑸ 矢線図で実行プログラムをつないでゆく仕方をアロー・ダイヤグラムまたはPERT図法といいます。PDPC法にも似ていますが，主眼がそれぞれの単位作業をどのように効率的に進めるか，という点に置かれています。この⑸のアロー・ダイヤグラムにおいて，一連の作業を全て終えるのに最短で何日かかると思いますか。正解は8日です。Cの作業はBの作業が終わってからでないと，はじめられませんので，4＋4＝8日がどうしても必要です。

このように全体の日数に直接影響する作業ルート（パス）をクリティカルパスと言っています。

解答

⑴	⑵	⑶	⑷	⑸
キ	ウ	カ	ケ	オ

【問題３】

新 QC 七つ道具における次の手法の内容として，最も適切な説明文を選択肢から選んで解答欄に記入せよ。ただし，同一の選択肢を複数回用いることはないものとする。

⑴	系統図法	⑴
⑵	マトリックス図法	⑵
⑶	マトリックスデータ解析法	⑶
⑷	アロー・ダイヤグラム法	⑷
⑸	PDPC 法	⑸

【選択肢】

ア．発生頻度を整理して，頻度の順に棒グラフにし，累積度数を折れ線グラフで付加したもの

イ．複数で複雑な因果関係のある事象について，それらの関係を論理的に矢印でつないで整理する手法

ウ．計量値のデータの分布を示した棒グラフ

エ．二次元や他次元に分類された項目の要素の間の関係を系統的に検討して問題解決の糸口を得る手法

オ．数値化できるマトリックス図の場合に，その数値を加工し解析して見通しをよくして問題解決に至る手法

カ．困難な課題解決の進行過程において，あらかじめ考えられる問題を予測して対策を立案し，その進行を望ましい方向に導く手法

キ．目的や目標を達成するために必要な手段や方策を系統的に展開して整理する手法

ク．工程などを管理するために用いられる折れ線グラフによる表示

ケ．数量データを表わすための図形

コ．多くの言語データを，それらの間の親和性によって整理する手法

サ．多くの段階のある日程計画を効率的に立案し進度を管理することのできる矢線図

シ．要因が結果に関係し影響している様子を示す図

ス．２つの変量を座標軸上のグラフとして打点した図法

セ．頻度情報を加筆しつつ整理できるようにした表

【解答欄】

(1)	(2)	(3)	(4)	(5)

【問題３】

解説

選択肢が多すぎて目移りされるかもしれませんが，ひとつひとつ見ていきましょう。選択肢には，新 QC 七つ道具ではなくて，QC 七つ道具のものもかなり入り込んでいますので，それらは除外して考えましょう。

新 QC 七つ道具はこの節の冒頭にまとめておきましたので，参照してみて下さい。

⑴ 系統図法は，目的や目標を達成するために必要な手段や方策を系統的に展開して整理する手法ですね。

⑵ マトリックス図法とは，二次元や他次元に分類された項目の要素の間の関係を系統的に検討して問題解決の糸口を得る手法ということになります。

⑶ マトリックスデータ解析法は，マトリックス図法を基礎としていますが，数値化できるマトリックス図の場合に，その数値を加工し解析して見通しをよくして問題解決に至る手法ですね。新 QC 七つ道具の中では，例外的に数量データの形で扱われます。

⑷ アロー・ダイヤグラム法は，別名 PERT 図法ともいうもので，多くの段階のある日程計画を効率的に立案し進度を管理することのできる矢線図ということです。

⑸ PDPC 法とは，困難な課題解決の進行過程において，あらかじめ考えられる問題を予測して対策を立案し，その進行を望ましい方向に導く手法ということになります。「念入りな計画」という感じですね。

解答

⑴	⑵	⑶	⑷	⑸
キ	エ	オ	サ	カ

発展問題

【問題4】

連関図法に関する次の文章において，(1)〜(7)のそれぞれに対して最も適切なものを選択肢欄から選んでその記号を解答欄に記入せよ。

ただし，同一の選択肢を複数回用いることはないものとする。

問題とされている事項を［(1)］というが，連関図法の作成は，［(1)］を図の中央に記入し，その周りにその［(1)］の原因である［(2)］を記入して，［(1)］に向かって矢線で結ぶことから始められる。次に［(2)］の原因である［(3)］を配置して［(2)］に向かう矢線を記入する。順次そのような形で，［(4)］あるいは［(5)］などと記入してゆく作業を行う。つまり，「なぜそうなるのか」という問いを発しながら，原因の原因を追いかけて視覚化する図法といえる。そのように［(6)］を整理することで，真の原因やポイントとなる原因が整理されるという効果が期待される図法である。そのように図形化されたものを［(7)］と呼んでいる。

【選択肢】

ア．改善点　　イ．問題点　　ウ．零次原因
エ．一次原因　　オ．二次原因　　カ．三次原因
キ．四次原因　　ク．五次原因　　ケ．主従関係
コ．因果関係　　サ．結果関係　　シ．相関図
ス．散布図　　セ．連関図　　ソ．関連図

【解答欄】

(1)	(2)	(3)	(4)	(5)	(6)	(7)

【問題4】

解説

連関図法も新 QC 七つ道具において，それなりに重要です。その意味内容について再確認をしておいて下さい。それぞれの［　　］に正解となる用語を入れて，あらためて文章を掲載すると，次のようになります。

問題とされている事項を**問題点**というが，連関図法の作成は，問題点を図の中央に記入し，その周りにその問題点の原因である**一次原因**を記入して，問題点に向かって矢線で結ぶことから始められる。次に一次原因の原因である**二次原因**を配置して一次原因に向かう矢線を記入する。順次そのような形で，**三次原因**あるいは**四次原因**などと記入してゆく作業を行う。

つまり，「なぜそうなるのか」という問いを発しながら，原因の原因を追いかけて視覚化する図法といえる。そのように**因果関係**を整理することで，真の原因やポイントとなる原因が整理されるという効果が期待される図法である。そのように図形化されたものを**連関図**と呼んでいる。

解答

(1)	(2)	(3)	(4)	(5)	(6)	(7)
イ	エ	オ	カ	キ	コ	セ

【問題５】

系統図法に関する次の文章において，(1)～(4)のそれぞれに対して最も適切なものを選択肢欄から選んでその記号を解答欄に記入せよ。ただし，同一の選択肢を複数回用いることはないものとする。

系統図法とは，[(1)]を設定して，この[(1)]に到達するための手段を論理的ないしは[(2)]に展開した図による手法をいうものである。検討している問題に影響する要素間の関係を整理し，[(1)]を果たす最適な手段を[(2)]に追求するために用いるものと言える。大きく分けて，対象を構成する要素を[(1)]と手段の関係に展開していく「[(3)]」と，問題を解決したり[(1)]・目標を果たしたりするための手段・方策を[(2)]に展開していく「[(4)]」の２種類があるとされる。

【選択肢】

ア．原因　　イ．見通し　　ウ．目的
エ．主観的　　オ．網羅的　　カ．系統的
キ．前後混合型　　ク．目的志向型　　ケ．因果関係型
コ．方策展開型　　サ．原因追求型　　シ．構成要素展開型

【解答欄】

(1)	(2)	(3)	(4)

【問題5】

解説

系統図法に関する問題です。系統図法の主旨や特徴についての復習をお願いします。

それぞれの[ ]に正解となる用語を入れて，あらためて文章を掲載すると，次のようになります。

系統図法とは，**目的**を設定して，この目的に到達するための手段を論理的ないしは**系統的**に展開した図による手法をいうものである。検討している問題に影響する要素間の関係を整理し，目的を果たす最適な手段を系統的に追求するために用いるものと言える。大きく分けて，対象を構成する要素を目的と手段の関係に展開していく「**構成要素展開型**」と，問題を解決したり目的・目標を果たしたりするための手段・方策を系統的に展開していく「**方策展開型**」の2種類があるとされる。

解答

(1)	(2)	(3)	(4)
ウ	カ	シ	コ

P 72の補足事項　偏差平方和の計算過程

式の誘導は，

$$\sum_{i=1}^{n} x_i = n\overline{x}$$

$$\sum_{i=1}^{n} \overline{x}^2 = n\overline{x}^2$$

であることなどを用いて，次のように行われます。ご確認下さい。

$$\begin{aligned}\sum_{i=1}^{n}(x_i-\overline{x})^2 &= \sum_{i=1}^{n}\left(x_i^2-2\overline{x}x_i+\overline{x}^2\right)\\ &= \sum_{i=1}^{n} x_i^2-2\overline{x}\sum_{i=1}^{n} x_i+\sum_{i=1}^{n}\overline{x}^2\\ &= \sum_{i=1}^{n} x_i^2-2\overline{x}\cdot n\overline{x}+n\overline{x}^2\\ &= \sum_{i=1}^{n} x_i^2-n\overline{x}^2\\ &= \sum_{i=1}^{n} x_i^2-\frac{\left(\sum_{i=1}^{n} x_i\right)^2}{n}\end{aligned}$$

デーン
品質管理の実践

あと大きな山は
ひとつだけらしい
ですよ

第3章
品質管理の実践

第１節　統計的工程管理

重要度 A

・・● 重要事項（よく見ておいて問題に挑戦しましょう）●・・

◆ 工程管理における第１種の誤りと第２種の誤り

判断＼真実	工程が管理状態の場合	工程が非管理状態の場合
工程が非管理状態と判断	第１種の誤り （あわてものの誤り）	正しい判断
工程が管理状態と判断	正しい判断	第２種の誤り （ぼんやりものの誤り）

非管理状態とは，管理が十分にできていない状態をいいます。

◆ 管理図の形

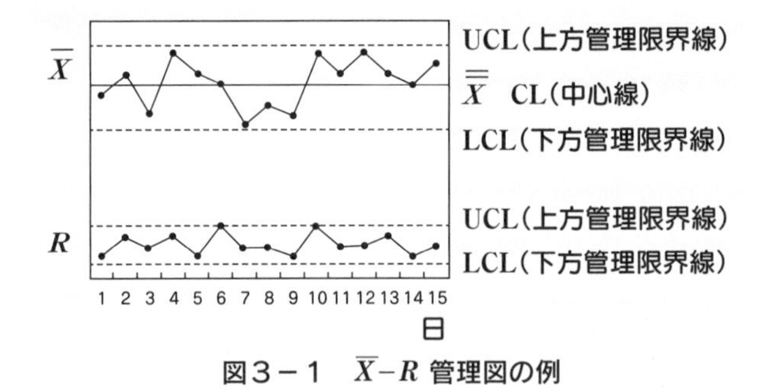

図３－１　$\overline{X}-R$ 管理図の例

$\overline{X}-R$ 管理図

最も多く用いられる管理図で，群の大きさがn個のデータの平均値と範囲の管理を行います。測定値xの群のデータの平均値$\overline{X}$の管理図である$\overline{X}$管理図を上側に，その群の範囲Rの管理図であるR管理図を下側に描いた管理図のことです。$\overline{X}$の動きとRの動きを同時に管理します。

次のようなクセがあった場合に，これがあると必ず非管理状態とは限りませんが，工程異常の有無などを検討します。中心線に対して上か下のいずれかに連続して並んだ点の数を**連**（れん），その点の数を**連の長さ**と呼んでいます。

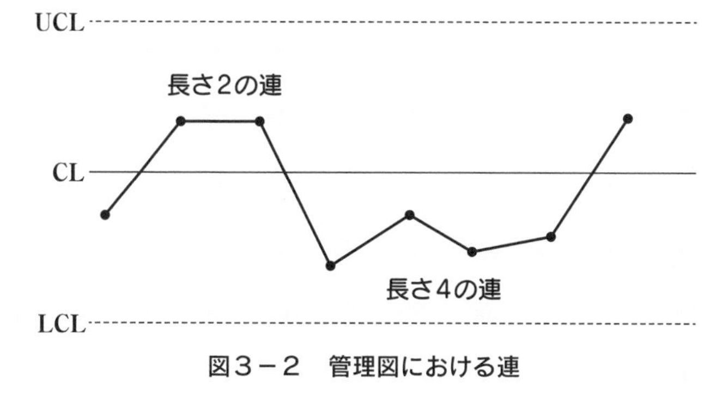

図３－２　管理図における連

◆ 工程能力指数と特性値分布図

許容限界幅（定められた管理幅）と工程のばらつき幅の比を指数にして評価することがあります。これを**工程能力指数**といい，PCI あるいは C_p と書きます。

工程能力指数の数値と工程の特性値の分布との関係を図にしてみますと次のようになります。S_U は規格上限，S_L は規格下限です。

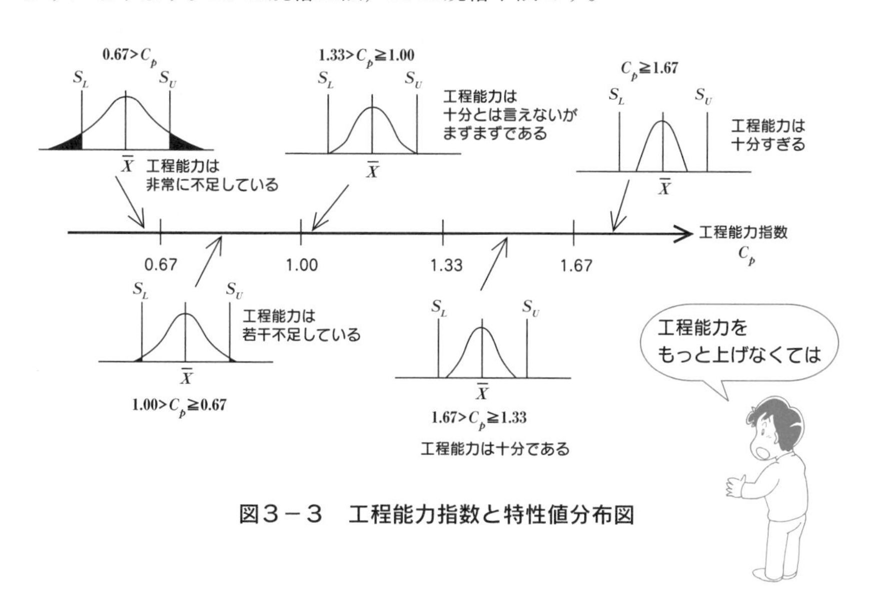

図３－３　工程能力指数と特性値分布図

試験によく出る重要問題

基本問題

【問題 1】

工程管理に広く利用される $\overline{X}-R$ 管理図は，平均値の変化を管理する $\overline{X}$ 管理図と，ばらつきの変化を管理する R 管理図とで構成される。このような管理図に関する次の各々の文章において，正しいものには ○ を，正しくないものには × を解答欄に記入せよ。

(1) $\overline{X}$ 管理図の目的は，工程で製造される製品の特性平均値が大きく目標から外れて不良品が作られるのを早く発見し，不良原因を修正することにある。 (1)

(2) 管理図において，上方管理限界線をLCL，下方管理限界線をUCLという。 (2)

(3) 管理限界（UCL，LCL）は，各組データの平均値の総平均と各組データの範囲の平均値を用いて，次式で求められる。
(平均値の総平均) ± (試料の大きさによって定まる定数) × (範囲の平均値) (3)

(4) 管理限界内にすべての打点が入っていても，中心線の片側に連続して多数の打点がある場合には，その原因を調査することも必要である。 (4)

(5) 管理限界内にすべての打点が入っていても，打点が長い期間低下する傾向を示す時には，工程に何らかの変化があったと考えて検討を行う必要がある。 (5)

【解答欄】

(1)	(2)	(3)	(4)	(5)

【問題1】

解説

(1) 記述の通りです。$\overline{X}$ 管理図の目的は，工程で製造される製品の特性平均値が大きく目標から外れて不良品が作られるのを早く発見し，不良原因を修正することにあります。

(2) この記述は逆になっています。上方管理限界線がUCL（Upper Critical Limit）で，下方管理限界線がLCL（Lower Critical Limit）と呼ばれます。

(3) 記述の通りです。各組データの平均値の総平均を $\overline{\overline{X}}$ とし，各組データの範囲の平均値 $\overline{R}$ を，試料の大きさによって定まる定数を A_2 と書けば，$\overline{\overline{X}} \pm A_2\overline{R}$ となります。

(4) これも記述の通りです。管理限界内にすべての打点が入っていても，中心線の片側に連続して多数の打点がある場合には，それも工程の状態の変化と考えてその原因を調査することも必要です。その原因が判明すれば，異常が見つかることや場合によっては製造技術をより改善できる可能性もあります。

(5) これもやはり記述の通りです。管理限界内にすべての打点が入っていても，打点が長い期間低下する傾向を示す時には，工程に何らかの変化があったと考えて検討を行う必要があります。

解答

(1)	(2)	(3)	(4)	(5)
○	×	○	○	○

第3章

標準問題

【問題２】

工程能力指数も，管理図と並んで多用される指標である。

工程能力指数に関する次の各々の文章において，正しいものには○を，正しくないものには×を解答欄に記入せよ。

⑴ 工程能力指数とは，許容限界幅と工程のばらつき幅の比を指数にしたものであり，PCI あるいは C_p と書く。 ⑴

⑵ 製品のばらつきが小さい場合には，工程能力指数も小さくなる。 ⑵

⑶ 工程能力指数は，一般に1.00以上あれば十分である。 ⑶

⑷ 工程能力指数が1.00を切る場合には，工程異常が起こりうる状態と考えて改善をしなければならない。 ⑷

⑸ 工程能力指数が1.67を超えるレベルであれば，工程能力がありすぎるとみて，管理基準の見直しなどの検討も必要と考えられる。 ⑸

【解答欄】

⑴	⑵	⑶	⑷	⑸

【問題2】

解説

⑴ 記述の通りです。工程能力指数とは，許容限界幅（定められた管理幅）と工程のばらつき幅の比を指数にしたものであり，PCIあるいはC_pと書きます。

⑵ この記述は誤りです。製品のばらつきが小さい場合には，ばらつきを表す特性値の標準偏差が小さいということですから，工程能力指数の計算式の分母が小さくなることを意味します。したがって，工程能力指数は大きくなります。

⑶ 一般に工程能力指数は，1.00程度では十分とは言えません。1.00という状態は，余裕が全くなくたまたま異常が出ていないことがある状態と言えます。工程が余裕を持つために1.00よりある程度大きくないといけません。一般に1.33以上の場合に十分と判断されます。

⑷ これは記述の通りです。工程能力指数が1.00を切る場合には，工程異常が起こりうる状態と考えて改善をしなければなりません。

⑸ これも記述の通りです。工程能力指数が1.67を超えるレベルであれば，工程能力がありすぎるので，管理基準の見直しによる製品の基準向上や管理コストの低減など，その余力を活用することの検討も必要と考えられます。改善する余力が十分にある状態です。

第3章

解答

⑴	⑵	⑶	⑷	⑸
○	×	×	○	○

【問題3】

工場等における製品検査について述べられた次の各々の文章において，正しいものには○を，正しくないものには×を解答欄に記入せよ。

(1) 抜取検査による品質保証は，検査した製品ひとつひとつの保証にはなるが，その検査によってロットを全体を保証することはできない。 [(1)]

(2) 長期間に渡って工程が管理状態であって，しかもその間にどのロットからも検査による不良品が発生しないならば，検査を緩和することができる可能性がある。 [(2)]

(3) 抜取検査の主目的は，個々の製品の良否の判定である。 [(3)]

(4) 抜取検査で合格となったロットは，かりに再検査をしても不良品が出ることはありえない。 [(4)]

(5) 抜取検査は，検査ロット全体の合否を判定するためのものであって，製造工程が安定していることが前提条件である。 [(5)]

【解答欄】

(1)	(2)	(3)	(4)	(5)

【問題3】

解説

⑴　**ロット**とは，検査対象（母集団）の中において条件が等しい一つの集まり全体をいいます。抜取検査は，合格したロットの中にも少数の不良品が混入することをやむを得ないものとして，全数検査による検査コストを低減するための方策であり，ロット全体の保証をしていると考えます。

⑵　これは記述の通りです。長期間に渡って工程が管理状態であって，しかもその間にどのロットからも検査による不良品が発生しないならば，検査を緩和することができる可能性があります。

⑶　抜取検査の目的には，個々の製品の良否の判定もないとは言えませんが，最大の目的はロット全体の品質を判定することです。

⑷　抜取検査で合格となったロットであっても，あくまでも抜き取りなので，再検査をすれば確率は低くても不良品が出ることはありえます。

⑸　記述の通りです。抜取検査は，検査ロット全体の合否を判定するためのものであって，製造工程が安定していること，すなわち管理状態であることが前提条件です。

解答

⑴	⑵	⑶	⑷	⑸
×	○	×	×	○

第3章

発展問題

【問題4】

$\overline{X}-R$ 管理図の管理線についてまとめた次の表において，(1)〜(5)のそれぞれに入る最も適切なものを選択肢欄から選んでその記号を解答欄に記入せよ。ただし，同一の選択肢を複数回用いることはないものとする。

	$\overline{X}$ 管理図	R 管理図
中心線（CL）	$\overline{\overline{X}}$	(1)
上方管理限界線（UCL）	(2)	(3)
下方管理限界線（LCL）	(4)	(5)

【選択肢】

ア．X　　イ．$\overline{X}$　　ウ．$\overline{\overline{X}}$　　エ．R

オ．$\overline{R}$　　カ．$\overline{\overline{R}}$　　キ．$D_1\overline{R}$　　ク．$D_2\overline{R}$

ケ．$D_3\overline{R}$　　コ．$D_4\overline{R}$　　サ．$\overline{\overline{X}}+A_1\overline{R}$　　シ．$\overline{\overline{X}}+A_2\overline{R}$

ス．$\overline{\overline{X}}+A_3\overline{R}$　　セ．$\overline{\overline{X}}-A_1\overline{R}$　　ソ．$\overline{\overline{X}}-A_2\overline{R}$　　タ．$\overline{\overline{X}}-A_3\overline{R}$

【解答欄】

(1)	(2)	(3)	(4)	(5)

【問題4】

解説

本問は添え字の数字や記号の意味までを問うかなり難しい問題ですね。

それぞれの［　　］に正解となる用語を入れて，あらためて正しい表を掲載すると，次のようになります。どのような記号の使われ方をしているか再確認して下さい。

	$\overline{X}$管理図	R管理図
中心線（CL）	$\overline{\overline{X}}$	$\overline{R}$
上方管理限界線（UCL）	$\overline{\overline{X}}+A_2\overline{R}$	$D_4\overline{R}$
下方管理限界線（LCL）	$\overline{\overline{X}}-A_2\overline{R}$	$D_3\overline{R}$

解答

(1)	(2)	(3)	(4)	(5)
オ	シ	コ	ソ	ケ

第3章

【問題５】

工程能力指数は，PCI あるいは C_p などと書かれて，工程能力の有無を判断する指標となっている。C_p が次のような値である時，工程能力判断としてはどのようなことになるか。該当する適切な文章を選択肢から選んで解答欄に記入せよ。ただし，同一の選択肢を複数回用いることはないものとする。

(1)　$C_p \geqq 1.67$　(1)

(2)　$1.67 > C_p \geqq 1.33$　(2)

(3)　$1.33 > C_p \geqq 1.00$　(3)

(4)　$1.00 > C_p \geqq 0.67$　(4)

(5)　$0.67 > C_p$　(5)

【選択肢】

ア．工程能力は非常に不足している。

イ．工程能力は不足している。

ウ．工程能力は十分とは言えないが，まずまずである。

エ．工程能力は十分である。

オ．工程能力は十分かどうか判断できない。

カ．工程能力は十分すぎる。

【解答欄】

(1)	(2)	(3)	(4)	(5)

【問題５】

解説

生産工程において，許容限界幅（定められた管理幅）と工程のばらつき幅の比を指数にして評価することがあります。これを工程能力指数といい，PCIあるいはC_pと書きます。工程変数(x)の標準偏差をsとし，$\pm 3\,s$にxのほとんどの点（99.7%の点）が入ることを考慮して次式を用います。

$$C_p = \frac{S_U - S_L}{6s}$$

工程能力指数の数値と工程の特性値の分布との関係を図にしたものを節の最初に掲げていますので参照して下さい。

⑴　C_pが1.67以上になると，工程能力がありすぎます。このままでもかまわないという立場もありますが，通常は，この余裕を活かして，品質基準の向上やコストを削減する余地があるとみなされます。

⑵　C_pが1.67より低く，1.33以上のような場合には，工程能力は十分あるとみられます。理想的な状態ですので，これを維持することが必要です。

⑶　C_pが1.33より低く，1.00以上のような場合には，工程能力はないとは言えませんが，余裕が少ない状態です。十分とは言えないものの，まずまずと判断されますが，1.00に近い場合にはC_pを向上させる努力が必要です。

⑷　C_pが1.00を切った場合には，工程能力が不足していると判断されます。まずは,1.00以上にするための改善が必要です。

⑸　C_pが0.67を切った場合には，工程能力が大幅に不足していると判断されます。抜本的な改善が必要とされます。

解答

⑴	⑵	⑶	⑷	⑸
カ	エ	ウ	イ	ア

第3章

このへんは，
少しだれるところだから
あせらず，
頑張って勉強しよう！

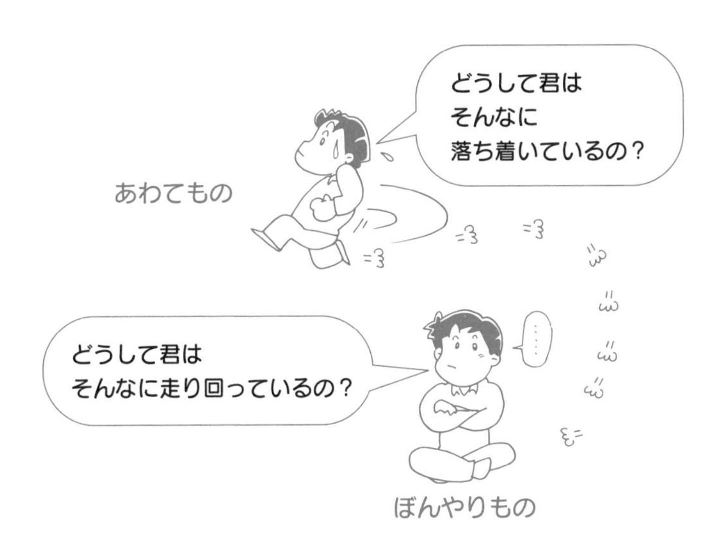
どうして君は
そんなに
落ち着いているの？
あわてもの
……
どうして君は
そんなに走り回っているの？
ぼんやりもの

第２節　問題および課題の解決　重要度 A

・・● 重要事項（よく見ておいて問題に挑戦しましょう）●・・

◆ 問題と課題

問題と課題は，似た言葉として受け取られることもありますが，品質管理においては次のように区別しています。ここでいう「差」はギャップともいいます。

a）**問題**：あるべき姿（現状がそうなっているはずの姿，そうなっていなければならない姿）と現状の姿との差

b）**課題**：ありたい姿（そうあることが望ましいという姿）と現状の姿との差

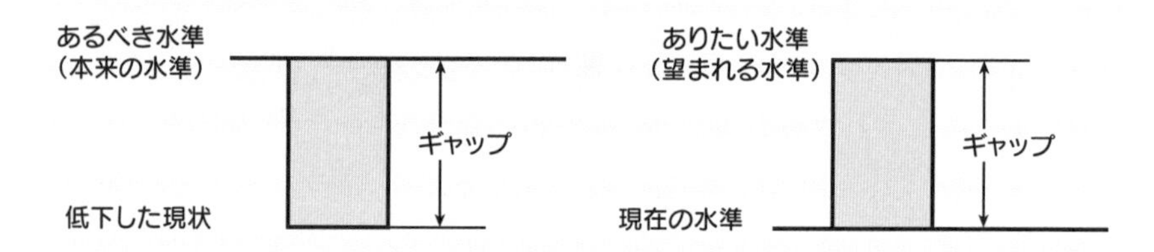

図３－13　問題と課題の比較

◆ QC ストーリー（品質管理の解決物語）の比較

QC ストーリーは，問題に関して「問題解決型 QC ストーリー」，課題について「課題達成型 QC ストーリー」と呼ばれることがあります。

QC ストーリーの分類	問題解決型	課題達成型
目標の設定	既に存在している問題を定量的に把握すること	明確になっていない課題を明確に設定すること
解決のポイント	解決のための要因解析によって問題の原因を追及すること	達成のための手段・方策を立案すること
解決後の進め方	原因に対する対策の立案	達成のための最適策の設計

試験によく出る重要問題

基本問題

【問題1】

品質管理においては，問題と課題という２つの用語がよく用いられる。問題や課題に関する次の各々の文章において，正しいものには○を，正しくないものには×を解答欄に記入せよ。

第3章

(1) 問題や課題は，現在の水準との差として捉えられることが多い。 (1)

(2) まだ到達していない水準を目指して努力する目標は「問題」と呼ばれる。 (2)

(3) これまでに到達していた水準から低下してしまった場合に，これを回復するための目標は「課題」と呼ばれる。 (3)

(4) 一般に「課題」には原因があり，「問題」には障壁があるとされる。 (4)

(5) 問題には「発生した問題」と「探す問題」とがあるといわれるが，前者のほうが多いのが通常であり，むしろ課題には「探す課題」のほうが「発生した課題」より多いのが一般的である。 (5)

【解答欄】

(1)	(2)	(3)	(4)	(5)

【問題１】

解説

⑴　記述の通りです。そのような差をギャップと呼んでいます。

⑵　この記述は誤りです。まだ到達していない水準（ありたい水準，望まれる水準）を目指して努力する目標は「問題」ではなくて「課題」と呼ばれます。

⑶　この記述も誤りです。これまでに到達していた水準（本来の水準，既にそうあってしかるべき水準）から低下してしまった場合に，これを回復するための目標は「課題」ではなくて「問題」と呼ばれます。

⑷　記述は逆になっています。一般に「問題」には原因があって問題を起こした原因の究明が主たる仕事になり，「課題」には障壁（達成を阻害する要因）があってその障壁を乗り越えることが仕事になります。

⑸　これは記述の通りです。問題には「発生した問題」と「探す問題」とがあるといわれます。否応なく対策を取らなければならない問題のほうが普通には多いのが現状です。それに対して，課題は，（時には，上司から与えられた課題というものもあるかもしれませんが，）通常は自ら探して設定することになります。

解答

⑴	⑵	⑶	⑷	⑸
○	×	×	×	○

標準問題

【問題２】

次の流れ図はQCストーリーの流れ図の１例である。その流れ図において，(1)～(5)のそれぞれに対し最も適切なものを選択肢欄から選んでその記号を解答欄に記入せよ。ただし，同一の選択肢を複数回用いることはないものとする。

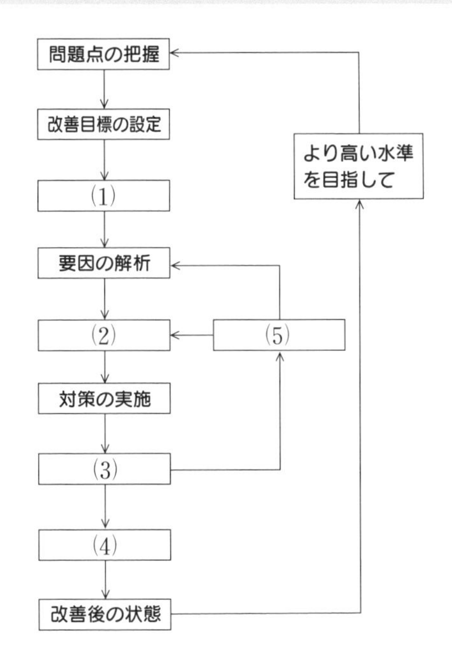

【選択肢】

ア．条件探索	イ．関係者討議	ウ．現状把握
エ．対策の立案	オ．予算策定	カ．効果の確認
キ．標準化の設定	ク．効果が十分の場合	ケ．効果が不十分の場合

【解答欄】

(1)	(2)	(3)	(4)	(5)

【問題2】

解説

それぞれの［　　］に正解となる用語等を入れて，あらためて正しい流れ図を掲載すると，次のようになります。何の後には何がくるのか，前後関係が矛盾しないようにするにはどう考えるか，ループして戻るルートをどのような場合に通るのか，などをよく確認して下さい。標準化の設定は効果が確認できてからでなくてはなりませんね。

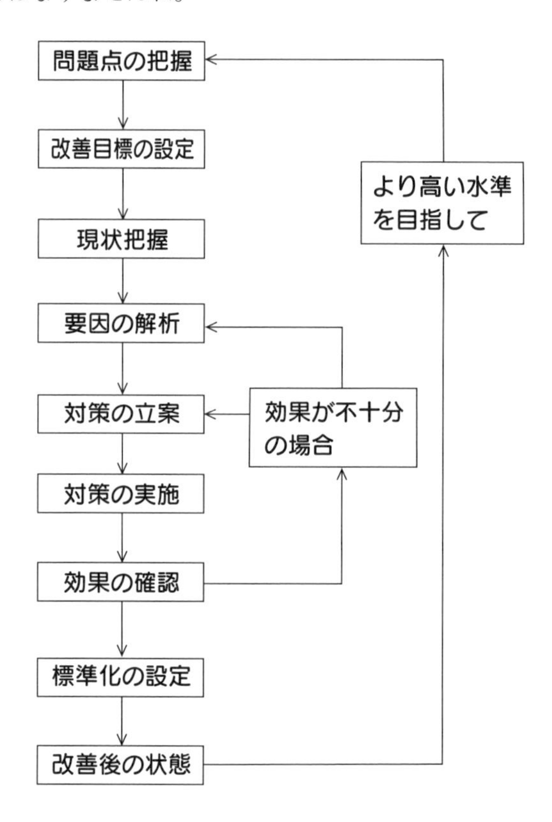

解答

(1)	(2)	(3)	(4)	(5)
ウ	エ	カ	キ	ケ

【問題３】

職場における活動や考え方について，次に示すような語群を頭文字などによって簡単に言い表すことがある。(1)〜(5)の簡単化表現として該当する適切なものを選択肢から選んで解答欄に記入せよ。ただし，同一の選択肢を複数回用いることはないものとする。

(1)　整理，整頓，清掃　［(1)］

(2)　整理，整頓，清掃，躾，清潔　［(2)］

(3)　危険予知　［(3)］

(4)　報告，連絡，相談　［(4)］

(5)　ハット，ヒヤリ，気がかり　［(5)］

【選択肢】

ア．HHK　　イ．KY　　ウ．ほうれんそう

エ．3Ｓ　　オ．4Ｓ　　カ．5Ｓ

【解答欄】

(1)	(2)	(3)	(4)	(5)

第3章

【問題３】

解説

⑴⑵　職場の活動として取り上げられているものとして，有名なものに3Ｓあるいは5Ｓ活動があります。

3Ｓ：整理，整頓，清掃
5Ｓ：整理，整頓，清掃，清潔，躾（しつけ）

あるいは，職場によっては，2Ｓや4Ｓとして扱っている職場もあるようです。日本人だけとは限らないかもしれませんが，頭文字を揃えることがよく行われますね。

2Ｓ：整理，整頓
4Ｓ：整理，整頓，清掃，清潔

⑶　職場などにおいて，訓練を積み重ねて危険を予知すること（危険予知）を身に付けて安全対策などをする活動を**KY活動**（**危険予知活動**）と呼んでいます。危険を誘発してはいけませんね。

⑷「ほうれんそう」とは，報告の「ほう」と連絡の「れん」，そして，相談の「そう」を合わせたものです。仕事の基本，あるいは，ビジネスマナーとして，上司や同僚とこれらを密に行うことで業務の円滑化が図られるということです。これは野菜の名前ではありませんが，野菜の「ほうれんそう」も「法蓮草」というむつかしそうな威厳ありそうな漢字なのだそうです。

⑸　HHKとは，「ヒヤリ，ハッと，気がかり」の頭文字です。幸い怪我（けが）はしなかったけれどもヒヤリとしたことや，ハッとしたことあるいは，気にかかっていることなどを出し合って（カードなどに書き出して）職場の全員で認識を共有し，必要なものについては職場として対策をとるというような活動を**HHK活動**と言っています。気おくれしてはいけませんね。また最近，KY活動などとは別に，KYを「空気が読めない」や，「景気が読めない」，「漢字が読めない」などとして使う例があるようですが，それは職場の活動には関係がありませんね。

(1)	(2)	(3)	(4)	(5)
エ	カ	イ	ウ	ア

お疲れのことと思いますが,
あと少しです。
頑張って下さい。

発展問題

【問題4】

指差呼称という活動に関する次の文章において，(1)～(5)のそれぞれに対し最も適切なものを選択肢欄から選んでその記号を解答欄に記入せよ。ただし，同一の選択肢を複数回用いることはないものとする。

安全活動には指差呼称という活動もある。これは「しさこしょう」，あるいは，「 (1) 」と読むが，危険予知活動の一環として位置づけられるもので，標識，信号，計器，作業対象などを (2) の意味で，その名前と状態を (3) に出してそのものを指さしながら確認することをいう。 (4) はつい上っすべりになりがちなので，実際に (3) に出すことで，マンネリにならず，確実に確認ができることを狙ったものである。例えば，道路を (5) する際にも，右を差して車が来ないことを確認して「右よし」と (3) を出し，次に左を差して確認して「左よし」と (3) を出し，最後にもう一度右を見て「右よし」と (3) を出してから (5) するという行動になる。

【選択肢】

ア．さしこしょう　　イ．ゆびさしこしょう　　ウ．現場確認
エ．危険確認　　オ．安全確認　　カ．顔
キ．声　　ク．表　　ケ．人間の行動
コ．人間の判断　　サ．しゃ断　　シ．横断

【解答欄】

(1)	(2)	(3)	(4)	(5)

【問題４】

解説

それぞれの[ ]に正解となる用語を入れて，あらためて文章を掲載しますと，次のようになります。指差呼称の基礎に関する考え方を再度見直しておいて下さい。

安全活動には指差呼称という活動もある。これは「しさこしょう」，あるいは，「**ゆびさしこしょう**」と読むが，危険予知活動の一環として位置づけられるもので，標識，信号，計器，作業対象などを**安全確認**の意味で，その名前と状態を**声**に出してそのものを指さしながら確認することをいう。**人間の行動**はつい上っすべりになりがちなので，実際に声に出すことで，マンネリにならず，確実に確認ができることを狙ったものである。

例えば，道路を**横断**する際にも，右を差して車が来ないことを確認して「右よし」と声を出し，次に左を差して確認して「左よし」と声を出し，最後にもう一度右を見て「右よし」と声を出してから横断するという行動になる。

解答

(1)	(2)	(3)	(4)	(5)
イ	オ	キ	ケ	シ

【問題５】

企業における安全の確保に関する次の文章において，(1)～(5)のそれぞれに対し最も適切なものを選択肢欄から選んでその記号を解答欄に記入せよ。ただし，同一の選択肢を複数回用いることはないものとする。

安全の確保は，企業を健全に経営するための最も重要な基盤となる活動であって，「 (1) 」というスローガンもなくはないが，経営方針として「 (2) 」を掲げる企業も多い。職場における安全管理施策を実施し徹底して労働災害の発生防止や災害ゼロを達成しようという活動が行われている。同時に通勤時における (3) や定期的な全員対象の (4) ，特殊作業者に対する (4) ，近年では (5) 対策，パワーハラスメント対策，セクシャルハラスメント対策なども実施し，安全で快適な職場づくりのための幅広く総合的な活動を行う企業も増えている。

【選択肢】

ア．環境第一　　イ．安全第一　　ウ．品質第一
エ．納期第一　　オ．交通戦争対策　　カ．交通災害防止
キ．健康管理　　ク．健康診断　　ケ．メンタルヘルス

【解答欄】

(1)	(2)	(3)	(4)	(5)

【問題５】

解説

近年の企業における安全や健康管理に関する問題です。それぞれの［　　　］に正解となる用語を入れて，あらためて文章を掲載すると，次のようになります。パワーハラスメント（パワハラ）やセクシャルハラスメント（セクハラ）などの用語は，よくご存知ですね。ビジネスマナーに関する出題もありますので，再確認しておいて下さい。

安全の確保は，企業を健全に経営するための最も重要な基盤となる活動であって，「**品質第一**」というスローガンもなくはないが，経営方針として「**安全第一**」を掲げる企業も多い。職場における安全管理施策を実施し徹底して労働災害の発生防止や災害ゼロを達成しようという活動が行われている。同時に通勤時における**交通災害防止**や定期的な全員対象の**健康診断**，特殊作業者に対する健康診断，近年では**メンタルヘルス**対策，パワーハラスメント対策，セクシャルハラスメント対策なども実施し，安全で快適な職場づくりのための幅広く総合的な活動を行う企業も増えている。

解答

(1)	(2)	(3)	(4)	(5)
ウ	イ	カ	ク	ケ

第3節　品質の保証　重要度 B

・・●重要事項（よく見ておいて問題に挑戦しましょう）●・・

◆ 苦情とクレームの関係

苦情（Complaint）とは，コンプレインといわれることもありますが，製品あるいは苦情対応プロセスにおいて，組織に対する不満足の表現で，その対応あるいは解決法が明示的または暗示的に期待されているものをいいます。この中で，とくに，修理，取替え，値引き，解約，あるいは損害賠償などの具体的請求を伴うものを**クレーム**（Claim）と呼ぶこともあります。生産者あるいは販売者の側に具体的に持ち込まれるクレームを**顕在クレーム**，持ち込まれずに顧客の側に留まるクレームを**潜在クレーム**といいます。

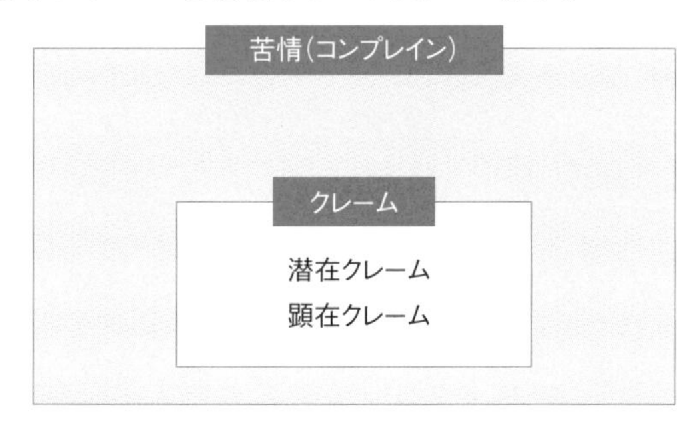

◆ 段階別品質保証活動（※一般に生産の各段階において品質保証活動が必要です。）

段階	内容
市場調査段階	要求品質の把握など
製品企画段階	マーケットイン型の製品企画，製品企画の評価など
設計段階	設計審査（DR, Design（デザイン） Review（レビュー））など
生産準備段階	工程設計における品質保証，資材管理における品質保証など
生産段階	製造工程管理による品質保証，設備管理による品質保証，製品検査など
販売・サービス段階	苦情処理など

◆ 品質技術の展開

品質を作り込み，また，保証するために多くの技術が使われます。設計品質を実現する機能が，現状において考えられる仕組みで達成できるかどうかを検討し，**ボトルネック技術**（BNE, Bottleneck Engineering）を抽出することを**技術展開**といいます。ボトルネックとは，びん（ボトル）の狭い口の部分が，中味の自由な出入りを制約していることから，隘路（あいろ）（狭い道，制約条件，クリティカルパス）のことを意味しています。

展開の種類	内容
品質展開	品物やサービスの品質を検討するに当たり，品質を構成する基本事項に分解して検討する手法
業務機能展開	品質を構成する業務を階層的に分解し分析して明確化する手法
信頼性展開	要求品質に対して，信頼性向上の保証項目を明確化する手法
技術展開	設計品質を実現する機能が，現状で考えうる技術で実現できるか否かを検討して，ボトルネック技術を明らかにする手法
コスト展開	目標コストを要求品質あるいは機能に応じて配分することによって，コスト低減あるいはコスト上の問題点を明らかにする手法

品質技術の展開とは，何かの視点にもとづいて品質技術の内容を展開図のように広げることをいうんだね

第3章

試験によく出る重要問題

基本問題

【問題１】

品質管理においても多くの略号が用いられる。品質に関する次の略号の意味として，最も適切な説明を選択肢から選んで解答欄に記入せよ。ただし，同一の選択肢を複数回用いることはないものとする。

(1) PL　(1)
(2) LCA　(2)
(3) QA　(3)
(4) PLP　(4)
(5) DR　(5)
(6) QFD　(6)

【選択肢】

ア．製造物に責任を持つこと
イ．製造物の品質を作り込むこと
ウ．あらかじめ対策をとって製造物の責任問題を起こさないようにすること
エ．設計段階における品質保証として設計審査をすること
オ．製品の一生（ライフサイクル，生産・使用・廃棄）にわたってその影響を検討すること
カ．品質管理をすること
キ．品質機能に着目して品質内容を要素に展開すること
ク．顧客管理をすること
ケ．品質を確保しながら，生産を管理すること
コ．品質を保証すること

【解答欄】

(1)	(2)	(3)	(4)	(5)	(6)

【問題 1】

解説

⑴ PL は，製造物責任（Product Liability）で製造物に責任を持つことです。最近よく言われるようになっています。
⑵ LCA は，ライフサイクルアセスメント（Life Cycle Assessment）で，製品の一生（ライフサイクル，生産・使用・廃棄）にわたってその影響を検討することです。
⑶ QA とは，品質保証（Quality Assurance）で文字通り品質を保証することです。
⑷ PLP とは，製造物責任予防（Product Liability Prevention）で，あらかじめ対策をとって製造物の責任問題を起こさないようにすることです。
⑸ DR は，設計審査（Design Review）ということで設計段階における品質保証に当たります。
⑹ QFD とは，品質機能展開（Quality Function Deployment）で，品質機能に着目して品質内容を要素に展開することをいいます。

解答

⑴	⑵	⑶	⑷	⑸	⑹
ア	オ	コ	ウ	エ	キ

標準問題

【問題２】

工業製品にとどまらず品質保証は極めて重要な分野である。品質保証に関する次の文章において，(1)〜(5)のそれぞれに対し最も適切なものを選択肢欄から選んでその記号を解答欄に記入せよ。ただし，同一の選択肢を複数回用いることはないものとする。

市場に出回る形の［(1)］において，顧客は［(2)］を信用して商品を購入するので，［(2)］としては顧客に対して品質の保証をしなければならない。そのための品質保証活動が重要となる。また，品質や価格が［(2)］と顧客の話し合いで定まる形の［(3)］において，［(2)］はその契約を守るための品質保証が必要となる。さらに，［(4)］に基づく生産工場においては，使用者・消費者の要求を把握し，設計，製造・加工，検査，販売などの過程全般にわたって［(5)］を適切に行い，製品・加工品について常に［(4)］規格に適合する品質を保証することが義務となる。

【選択肢】

ア．輸入型商品　イ．輸出型商品　ウ．市場型商品
エ．契約型商品　オ．分解者　カ．生産者
キ．JAS　ク．JES　ケ．JIS
コ．品質維持　サ．品質管理　シ．品質展開

【解答欄】

(1)	(2)	(3)	(4)	(5)

【問題2】

解説

それぞれの［　　　］に正解となる用語を入れて，あらためて文章を掲載しますと，次のようになります。生産者の品質保証の重要性はあらためていうまでもありません。その内容をよく把握しておいて下さい。

市場に出回る形の**市場型商品**において，顧客は**生産者**を信用して商品を購入するので，生産者としては顧客に対して品質の保証をしなければならない。そのための品質保証活動が重要となる。また，品質や価格が生産者と顧客の話し合いで定まる形の**契約型商品**において，生産者はその契約を守るための品質保証が必要となる。さらに，**JIS** に基づく生産工場においては，使用者・消費者の要求を把握し，設計，製造・加工，検査，販売などの過程全般にわたって**品質管理**を適切に行い，製品・加工品について常に JIS 規格に適合する品質を保証することが義務となる。

第3章

解答

(1)	(2)	(3)	(4)	(5)
ウ	カ	エ	ケ	サ

【問題３】

品質関連の検討手法における次の用語の意味として，最も適切な説明文を選択肢から選んで解答欄に記入せよ。ただし，同一の選択肢を複数回用いることはないものとする。

⑴　技術展開　⑴
⑵　信頼性展開　⑵
⑶　品質展開　⑶
⑷　コスト展開　⑷
⑸　業務機能展開　⑸

【選択肢】

ア．設計品質を実現する機能が，現状で考えうる技術で実現できるか否かを検討して，ボトルネック技術を明らかにする手法
イ．要求品質に対して，信頼性向上の保証項目を明確化する手法
ウ．品質を構成する業務を階層的に分解し分析して明確化する手法
エ．品物やサービスの品質を検討するに当たり，品質を構成する基本事項に分解して検討する手法
オ．目標コストを要求品質あるいは機能に応じて配分することによって，コスト低減あるいはコスト上の問題点を明らかにする手法

【解答欄】

⑴	⑵	⑶	⑷	⑸

【問題3】

解説

⑴　技術展開は，設計品質を実現する機能が，現状で考えうる技術で実現できるか否かを検討して，ボトルネック技術を明らかにする手法です。

⑵　信頼性展開とは，要求品質に対して，信頼性向上の保証項目を明確化する手法をいいます。品質展開がポジティブな要求品質の展開であるのに対して，信頼性展開はどちらかというとネガティブな内容に関して信頼性を確保するために行うことが多くなっています。

⑶　品質展開とは，品物やサービスの品質を検討するに当たり，品質を構成する基本事項に分解して検討する手法です。

⑷　コスト展開とは，目標コストを要求品質あるいは機能に応じて配分することによって，コスト低減あるいはコスト上の問題点を明らかにする手法になっています。

⑸　業務機能展開は，品質を構成する業務を階層的に分解し，分析して明確化する手法をいいます。

第3章

解答

⑴	⑵	⑶	⑷	⑸
ア	イ	エ	オ	ウ

発展問題

【問題4】

顧客対応において，製品に対する苦情に関する次の文章中の(1)～(7)のそれぞれに対し最も適切なものを選択肢欄から選んでその記号を解答欄に記入せよ。ただし，同一の選択肢を複数回用いることはないものとする。

一般に［(1)］が製造する製品に対しては顧客からの各種の苦情がつきものである。通常，苦情，あるいは，［(2)］と呼ばれるものは，製品あるいは苦情対応プロセスにおいて，組織に対する［(3)］の表現であり，その対応あるいは解決法が明示的または暗示的に期待されているものをいう。とくに，修理，取替，値引き，解約，あるいは，［(4)］などの具体的請求をともなうものを［(5)］と呼んでいる。［(1)］あるいは販売者の側に具体的に持ち込まれる［(5)］を［(6)］，持ち込まれずに顧客の側に留まる［(5)］を［(7)］という言い方がされることもある。［(6)］は否応なく対応することが必要であるが，一般に［(7)］は［(1)］側に届きにくいので，［(1)］としては，［(7)］をいかに聞き出してよりよい製品を製造していくかということが一つの大きな課題でもある。

【選択肢】

ア．消費者	イ．生産者	ウ．クレーム
エ．不承知	オ．コンプレイン	カ．満足
キ．不満足	ク．了承	ケ．安全保障
コ．損害賠償	サ．顕在クレーム	シ．潜在クレーム

【解答欄】

(1)	(2)	(3)	(4)	(5)	(6)	(7)

【問題4】

解説

それぞれの[　　　]に正解となる用語を入れて，あらためて文章を掲載すると，次のようになります。クレームの種類やその内容について出題されることも多くなっていますので，今一度復習をしておきましょう。

一般に**生産者**が製造する製品に対しては顧客からのいろいろな苦情がつきものである。通常，苦情，あるいは，**コンプレイン**と呼ばれるものは，製品あるいは苦情対応プロセスにおいて，組織に対する**不満足**の表現であり，その対応あるいは解決法が明示的または暗示的に期待されているものをいう。とくに，修理，取替，値引き，解約，あるいは，**損害賠償**などの具体的請求をともなうものを**クレーム**と呼んでいる。生産者あるいは販売者の側に具体的に持ち込まれるクレームを**顕在クレーム**，持ち込まれずに顧客の側に留まるクレームを**潜在クレーム**という言い方がされることもある。顕在クレームは否応なく対応することが必要であるが，一般に潜在クレームは生産者側に届きにくいので，生産者としては，潜在クレームをいかに聞き出してよりよい製品を製造していくかということが一つの大きな課題でもある。

解答

(1)	(2)	(3)	(4)	(5)	(6)	(7)
イ	オ	キ	コ	ウ	サ	シ

【問題５】

製品の技術展開に関する次の文章において，(1)〜(4)のそれぞれに対し最も適切なものを選択肢欄から選んでその記号を解答欄に記入せよ。ただし，同一の選択肢を複数回用いることはないものとする。

期待される設計品質を実現する機能が，現状で考えうる技術やメカニズムで達成できるかどうかを検討し，[(1)]技術を抽出する方法を技術展開と呼んでいる。[(1)]とは，びん（ボトル）の狭い口の部分が内容物の自由な出入りを制約していることから，隘路（あいろ）（[(2)]，狭い道）のことを意味し，[(1)]技術とは，その[(1)]がクリアーされた場合に期待される機能が実現するような技術を指す用語で，[(3)]と略記される。技術展開を行う目的は，[(4)]や設計品質を実現するに当たり，[(3)]を明確にすることにある。

【選択肢】

ア．クリティカルパス　　イ．ボトルネック　　ウ．BNE
エ．クレーム品質　　オ．２級品質　　カ．企画品質

【解答欄】

(1)	(2)	(3)	(4)

【問題5】

解説

技術展開とは，若干難しい概念ですが，文章の意味内容をかみしめて理解されますようお願いします。

それぞれの［　　］に正解となる用語を入れて，あらためて文章を掲載しますと，次のようになります。

期待される設計品質を実現する機能が，現状で考えうる技術やメカニズムで達成できるかどうかを検討し，**ボトルネック**技術を抽出する方法を技術展開と呼んでいる。ボトルネックとは，びん（ボトル）の狭い口の部分が内容物の自由な出入りを制約していることから，隘路（あいろ）（**クリティカルパス**，狭い道）のことを意味し，ボトルネック技術とは，そのボトルネックがクリアーされた場合に期待される機能が実現するような技術を指す用語で，**BNE** と略記される。技術展開を行う目的は，**企画品質**や設計品質を実現するに当たり，BNE を明確にすることにある。

第3章

解答

(1)	(2)	(3)	(4)
イ	ア	ウ	カ

【補足問題】

工程能力指数に関する次の文章において，[　　] 内に入るもっとも適切なものを次の選択肢から選び，その記号を解答欄に記入しなさい。ただし，同一の選択肢を複数回用いることはないものとする。

なお，必要に応じて次ページの付表を利用しなさい。

ある安定状態の工程で製品が製造されており，製品の寸法は，平均1.20 mm，標準偏差0.16 mmの正規分布に従っている。この製品寸法の規格は，1.10±0.50 mmであるものとする。

① この工程の工程能力指数C_pは[(1)]であり，かたよりを考慮した工程能力指数C_{pk}は[(2)]である。また，この工程で製造される製品の寸法が上限規格を超える確率を求めると[(3)]となる。

② $C_p = 1.33$とするためには，標準偏差が[(4)]となるよう改善することが必要である。

【選択肢】

ア．1.04　　イ．1.08　　ウ．0.13　　エ．0.83　　オ．0.011

カ．0.0062　キ．1.12

【解答欄】

(1)	(2)	(3)	(4)

付表　正規分布表

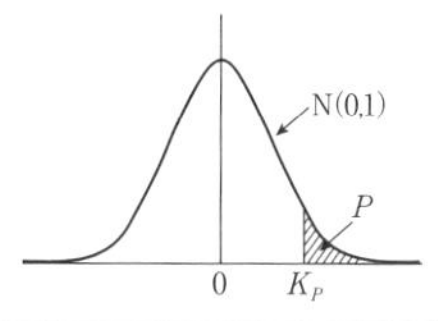

（Ⅰ）K_P から P を求める表

K_P	*=0	1	2	3	4	5	6	7	8	9
0.0*	.5000	.4960	.4920	.4880	.4840	.4801	.4761	.4721	.4681	.4641
0.1*	.4602	.4562	.4522	.4483	.4443	.4404	.4364	.4325	.4286	.4247
0.2*	.4207	.4168	.4129	.4090	.4052	.4013	.3974	.3936	.3897	.3859
0.3*	.3821	.3783	.3745	.3707	.3669	.3632	.3594	.3557	.3520	.3483
0.4*	.3446	.3409	.3372	.3336	.3300	.3264	.3228	.3192	.3156	.3121
0.5*	.3085	.3050	.3015	.2981	.2946	.2912	.2877	.2843	.2810	.2776
0.6*	.2743	.2709	.2676	.2643	.2611	.2578	.2546	.2514	.2483	.2451
0.7*	.2420	.2389	.2358	.2327	.2296	.2266	.2236	.2206	.2177	.2148
0.8*	.2119	.2090	.2061	.2033	.2005	.1977	.1949	.1922	.1894	.1867
0.9*	.1841	.1814	.1788	.1762	.1736	.1711	.1685	.1660	.1635	.1611
1.0*	.1587	.1562	.1539	.1515	.1492	.1469	.1446	.1423	.1401	.1379
1.1*	.1357	.1335	.1314	.1292	.1271	.1251	.1230	.1210	.1190	.1170
1.2*	.1151	.1131	.1112	.1093	.1075	.1056	.1038	.1020	.1003	.0985
1.3*	.0968	.0951	.0934	.0918	.0901	.0885	.0869	.0853	.0838	.0823
1.4*	.0808	.0793	.0778	.0764	.0749	.0735	.0721	.0708	.0694	.0681
1.5*	.0668	.0655	.0643	.0630	.0618	.0606	.0594	.0582	.0571	.0559
1.6*	.0548	.0537	.0526	.0516	.0505	.0495	.0485	.0475	.0465	.0455
1.7*	.0446	.0436	.0427	.0418	.0409	.0401	.0392	.0384	.0375	.0367
1.8*	.0359	.0351	.0344	.0336	.0329	.0322	.0314	.0307	.0301	.0294
1.9*	.0287	.0281	.0274	.0268	.0262	.0256	.0250	.0244	.0239	.0233
2.0*	.0228	.0222	.0217	.0212	.0207	.0202	.0197	.0192	.0188	.0183
2.1*	.0179	.0174	.0170	.0166	.0162	.0158	.0154	.0150	.0146	.0143
2.2*	.0139	.0136	.0132	.0129	.0125	.0122	.0119	.0116	.0113	.0110
2.3*	.0107	.0104	.0102	.0099	.0096	.0094	.0091	.0089	.0087	.0084
2.4*	.0082	.0080	.0078	.0075	.0073	.0071	.0069	.0068	.0066	.0064
2.5*	.0062	.0060	.0059	.0057	.0055	.0054	.0052	.0051	.0049	.0048
2.6*	.0047	.0045	.0044	.0043	.0041	.0040	.0039	.0038	.0037	.0036
2.7*	.0035	.0034	.0033	.0032	.0031	.0030	.0029	.0028	.0027	.0026
2.8*	.0026	.0025	.0024	.0023	.0023	.0022	.0021	.0021	.0020	.0019
2.9*	.0019	.0018	.0018	.0017	.0016	.0016	.0015	.0015	.0014	.0014
3.0*	.0013	.0013	.0013	.0012	.0012	.0011	.0011	.0011	.0010	.0010
3.5	.2326 E-3									
4.0	.3167 E-4									
4.5	.3398 E-5									
5.0	.2867 E-6									
5.5	.1899 E-7									

（Ⅱ）P から K_P を求める表(1)

P	.001	.005	0.01	.025	.05	.1	.2	.3	.4
K_P	3.090	2.576	2.326	1.960	1.645	1.282	.842	.524	.253

（Ⅲ）P から K_P を求める表(2)

P	*=0	1	2	3	4	5	6	7	8	9
0.00*	∞	3.090	2.878	2.748	2.652	2.576	2.512	2.457	2.409	2.366
0.0*	∞	2.326	2.054	1.881	1.751	1.645	1.555	1.476	1.405	1.341
0.1*	1.282	1.227	1.175	1.126	1.080	1.036	.994	.954	.915	.878
0.2*	.842	.806	.772	.739	.706	.674	.643	.613	.583	.553
0.3*	.524	.496	.468	.440	.412	.385	.358	.332	.305	.279
0.4*	.253	.228	.202	.176	.151	.126	.100	.075	.050	.025

【補足問題】

解説

工程能力指数C_pおよびかたよりを考慮した工程能力指数C_{pk}は，次の式から求めることができます。

$$C_p = \frac{S_U - S_L}{6s},\ C_{pk} = \min\left(\frac{S_U - \bar{x}}{3s},\ \frac{\bar{x} - S_L}{3s}\right)$$

S_U：上側規格値，S_L：下側規格値，s：標準偏差，$\bar{x}$：平均値

min（　）は，（　）内の値のうち小さいほうの値を示す。

製品寸法の規格は1.10±0.50 mmなので，上側規格値S_Uは1.60 mm，下側規格値S_Lは0.60 mmです。平均値$\bar{x}$は1.20 mm，標準偏差sは0.16 mmですから，

$$C_p = \frac{1.60 - 0.60}{6 \times 0.16} = 1.04$$

$$C_{pk} = \min\left(\frac{1.60 - 1.20}{3 \times 0.16},\ \frac{1.20 - 0.60}{3 \times 0.16}\right) = 0.83$$

製品の寸法xが，正規分布N（1.20, 0.16^2）に従うとき，xが上限規格S_Uを超える確率は，次のように規準化を行い，正規分布表を利用して求めることができます。

$$z = \frac{x - \mu}{\sigma} = \frac{1.60 - 1.20}{0.16} = 2.50$$

前ページの付表の「K_PからPを求める表」を参照すると，$|z| = K_P = 2.50$より，$P = 0.0062$であることがわかります。工程能力指数C_pを求める式に$C_p = 1.33$，$S_U = 1.60$mm，$S_L = 0.60$mmを当てはめて計算すると，

$$1.33 = \frac{1.60 - 0.60}{6s} \quad \therefore \quad s = 0.13$$

解答

(1)	(2)	(3)	(4)
ア	エ	カ	ウ

第4章 模擬問題

模擬問題の試験時間は
標準として本試験と同じ 90 分としています。
ただし，この時間で挑戦されるかどうかは
あなたの自信のほどと相談されるのがよいの
ではないでしょうか？
少しずつ力をつけていきましょう！

模擬問題

【問題１】

TQM は，総合的品質管理と訳される。TQM の展開を支える基本的な 3 要素として該当するものに○を，必ずしも該当しないものに×を記入せよ。

① トップダウン　(1)
② 全員参加　(2)
③ 断続的改善　(3)
④ お客様志向　(4)
⑤ 継続的改善　(5)
⑥ コストダウン　(6)

【解答欄】

(1)	(2)	(3)	(4)	(5)	(6)

【問題２】

近年の品質管理の考え方に合致しているとみられる文章には○を，そうでないとみられるものには×を記入せよ。

① 「前工程はお客様」という考え方が近年では定着してきている。　(7)
② 顧客あるいはユーザーを「客」と呼ぶ呼び方も「お客様」という呼び方もあるが，内容的にも呼び手の姿勢にも基本的に違いはない。　(8)
③ 品質管理の定義は，「売り手の要求に添った品質の品物またはサービスを経済的に作り出すための手段の体系」とされている。　(9)
④ 各工程において「品質の作り込み」という考え方が，浸透してきている。　(10)
⑤ 品質管理は，クオリティ・コントロールと訳す立場も，クオリティ・マネジメントと訳す立場もあるが，近年では後者の立場で運用されるケースが増えてきている。　(11)

【解答欄】

(7)	(8)	(9)	(10)	(11)

【問題３】

ISO に関する次の各々の文章において，正しいものには○を，正しくないものには×を解答欄に記入せよ。

① ISO 9000：2005という表記における2005は，その ISO の制定年度を示すものである。 (12)

② ISO で定められた規格を JIS に取り入れる際に，記号として Z が使われる。具体的には，例えば ISO 9001に対応する JIS は，JIS Z 9001と表記されている。 (13)

③ ISO 9000シリーズのことを，複数形の形をとって，ISO 9000 s と書くこともある。 (14)

④ ISO 9001には，品質マネジメントシステムの基本および用語が記述されている。 (15)

⑤ ISO は国際標準機構の略である。 (16)

【解答欄】

(12)	(13)	(14)	(15)	(16)

【問題４】

次に示すような品質内容を何というか，該当する用語を選択肢から選んで解答欄に記入せよ。ただし，同一の選択肢を複数回用いることはないものとする。

① 現時点の技術によって実現できる品質水準で，現在では一応満足されているレベル (17)

② 現在は実現できていない品質であるが，ある時期までに実現できることが期待される品質レベル (18)

第4章

③　品物を使用するときの使い良さ　(19)

④　品質のうち，人間の感覚によって判断されるもの　(20)

⑤　直接に測定することが困難な品質特性を，別な品質特性で置き換えたもの　(21)

【選択肢】

ア．使用品質　イ．官能特性　ウ．最高品質

エ．品質目標　オ．絶対品質　カ．最低品質

キ．品質標準　ク．代用特性　ケ．問題品質

【解答欄】

(17)	(18)	(19)	(20)	(21)

【問題5】

次に示す散布図について，その内容を適切に表現しているものを選択肢欄より選んで解答欄に記入せよ。ただし，同一の選択肢を複数回用いることはないものとする。

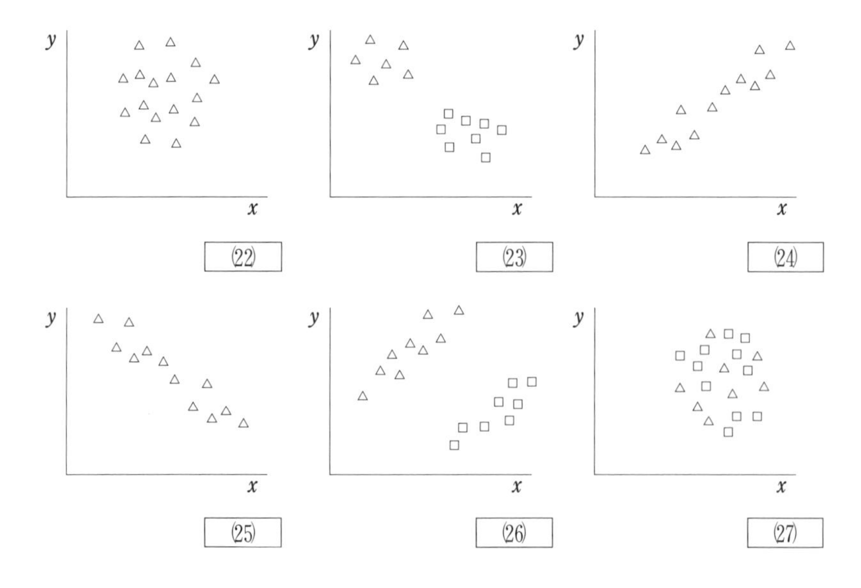

【選択肢】

ア．散布図に層別できる情報が含まれていないものであって，強い正の相関を示す散布図

イ．散布図に層別できる情報が含まれていないものであって，強い負の相関を示す散布図

ウ．散布図に層別できる情報が含まれていないものであって，特に相関の傾向も見受けられない散布図

エ．散布図に層別できる情報が含まれているが，層別しても特に相関の傾向が見受けられない散布図

オ．全体として強い負の相関がみられる散布図ではあるが，層別情報によって層別すると，層別されたそれぞれのグループでは相関がみられない散布図

カ．全体として相関がほとんど見られない散布図ではあるが，層別情報によって層別すると，層別されたそれぞれのグループではそれぞれで強い正の相関がみられる散布図

【解答欄】

(22)	(23)	(24)	(25)	(26)	(27)

【問題６】

相関係数に関する次の各々の文章において，正しいものには○を，正しくないものには×を解答欄に記入せよ。

① 相関係数がゼロに近いということは，相関が極めて弱いことを意味する。 (28)

② 二つの変量の間の相関係数は，どちらか一方の変量の単位を持つ。 (29)

③ 相関係数は，通常－１から＋１までの範囲に入るが，時にこの範囲を外れることもある。 (30)

④ 相関係数の絶対値が大きいということは，相関が強いことを意味している。 (31)

⑤ 二つの変量の間の関係を検討する際に，第三の変量の影響によって観測している二つの変量の間に相関関係が見えることがある。これも相関の一種に

第４章

は違いないが，偽相関あるいは擬似相関と呼んで通常の相関とは区別することもある。 ⑶2

【解答欄】

⑵8	⑵9	⑶0	⑶1	⑶2

【問題7】

次のグラフの具体例として最も適切なものを選択肢から選んで解答欄に記入せよ。ただし，同一の選択肢を複数回用いることはないものとする。

① 円グラフ ⑶3
② レーダーチャート ⑶4
③ ガントチャート ⑶5
④ 三角グラフ ⑶6
⑤ ドーナツグラフ ⑶7

【選択肢】

（ア）

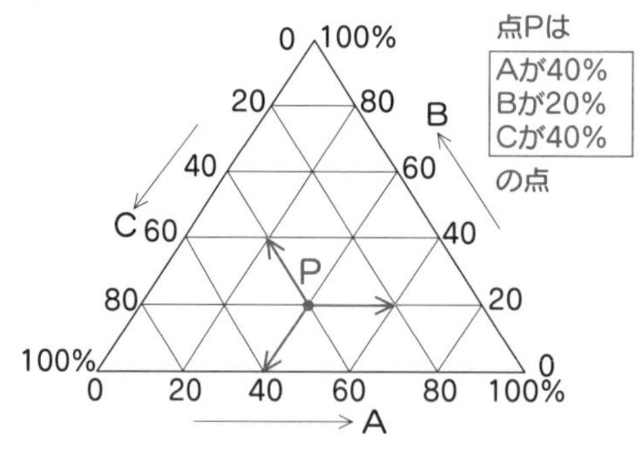

（イ）

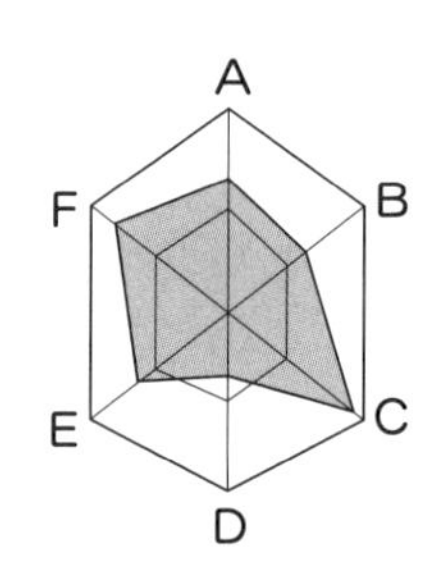

（ウ）

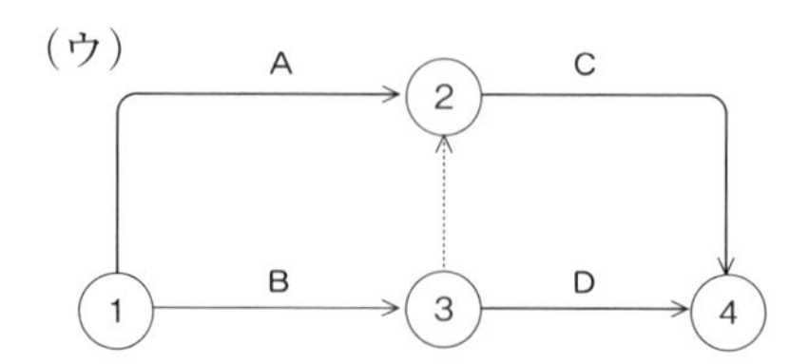

（エ）

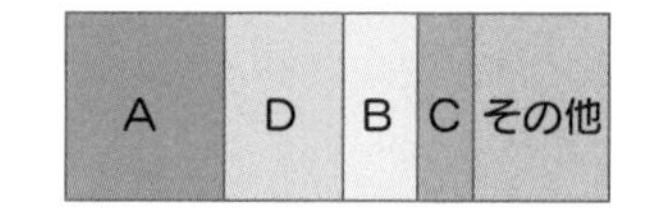

（オ）

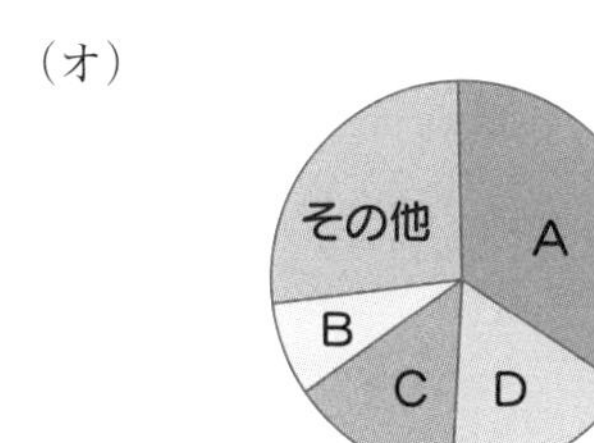

（カ）

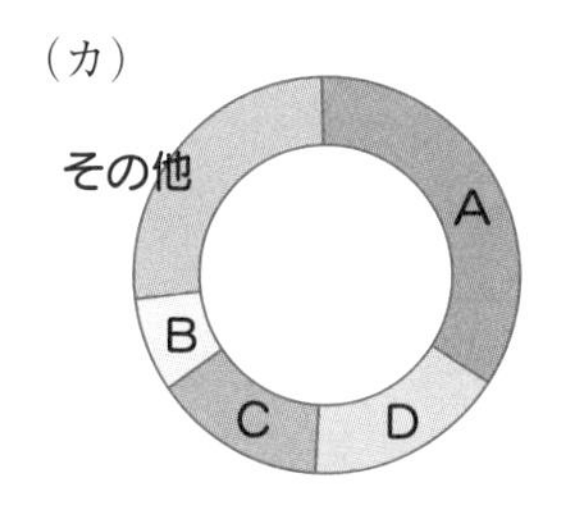

（キ）

銘柄＼日程		10　20　30
A	計画	
	実績	
B	計画	
	実績	
C	計画	
	実績	

（ク）

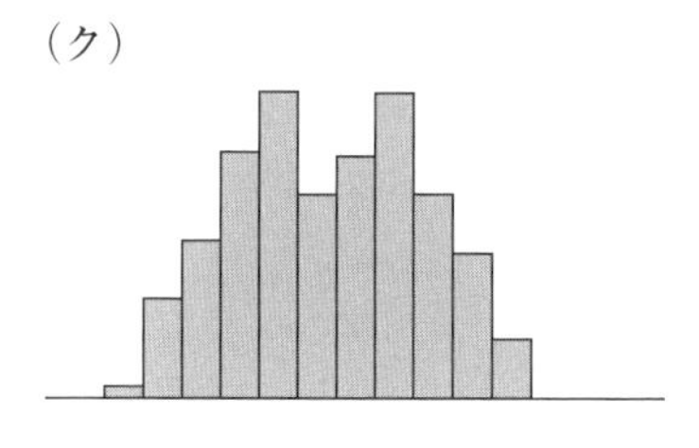

【解答欄】

(33)	(34)	(35)	(36)	(37)

【問題８】

QC 七つ道具に関する次の各々の文章において，正しいものには○を，正しくないものには×を解答欄に記入せよ。

① QC 七つ道具はそのほとんどが数量データを扱うものとなっているが，一部に言語データを扱う手法も含まれている。 (38)

② パレート図やヒストグラムも厳密にいうとグラフであるが，七つ道具において通常はグラフとは独立に扱われる。 (39)

③ 柱状図は，その手法をヒストグラフといい，その図についてヒストグラムという言い方をしている。 (40)

④ ヒストグラムにおいて，右絶壁型よりも左絶壁型のほうが一般に多く現れる。 (41)

⑤ 特性要因図は俗に魚の骨図ともいわれるが，その図において背骨は通常は複数本が用いられる。 (42)

第４章

【解答欄】

(38)	(39)	(40)	(41)	(42)

【問題９】

次に示すような散布図における相関係数の値として，該当する適切なものを選択肢から選んで解答欄に記入せよ。ただし，同一の選択肢を複数回用いることはありうるものとする。

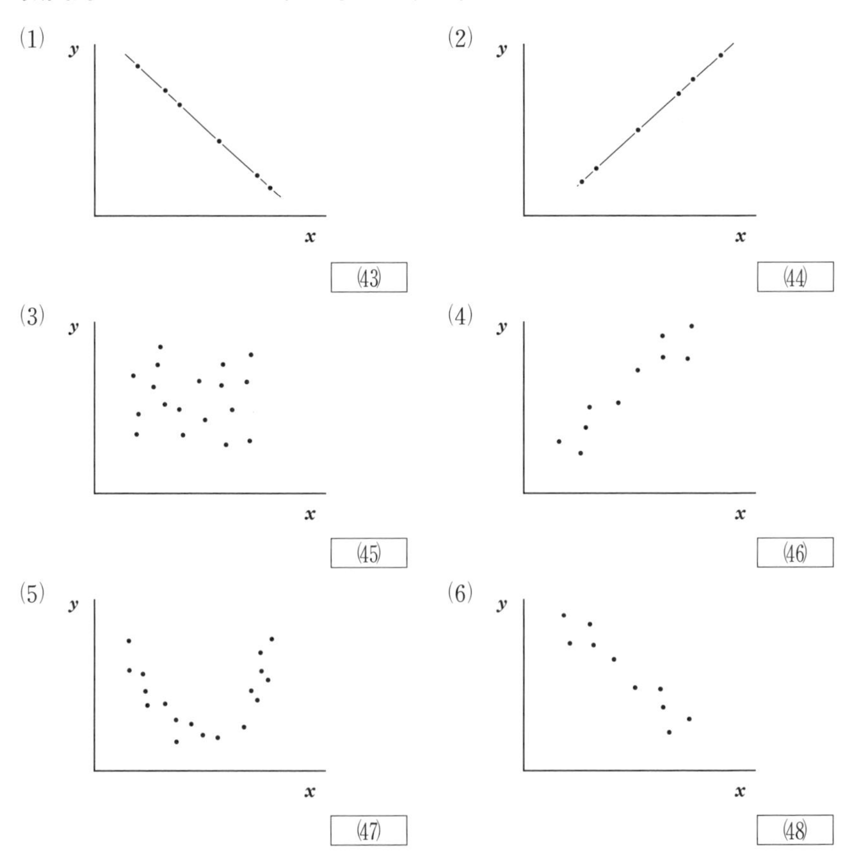

【選択肢】

ア．相関係数はほぼ1　　イ．相関係数はほぼ－1
ウ．相関係数はほぼ0　　エ．相関係数は見当がつけられない
オ．相関係数は－0.8～－0.9程度　　カ．相関係数は0.8～0.9程度
キ．相関係数は0.2～0.3程度　　ク．相関係数は－0.2～－0.3程度

【解答欄】

⑷③	⑷④	⑷⑤	⑷⑥	⑷⑦	⑷⑧

【問題10】

次に示す各種の手法について，七つ道具に属する手法にはＳを，新七つ道具に属する手法にはＮを，いずれにも属さないものにはＸを解答欄に記入せよ。

① PDPC法　(49)
② 特性要因図　(50)
③ チェックシート　(51)
④ 三角図法　(52)
⑤ アロー・ダイヤグラム法　(53)

【解答欄】

(49)	(50)	(51)	(52)	(53)

【問題11】

品質管理の手法に関する次の文章において，(54)～(58)のそれぞれに対して最も適切なものを選択肢欄から選んでその記号を解答欄に記入せよ。

ただし，同一の選択肢を複数回用いることはないものとする。

品質管理の検討などに広く用いられている手法を整理したものに，(54)および(55)がある。(54)は主に(56)を扱う手法であり，(55)は主に(57)を扱うものとなっているが，例外的に(54)には(57)を扱う

⑸8（別名として俗に魚の骨図ともいわれる方法）があり，また，⑸5 にも ⑸6 を扱うマトリックスデータ解析法がある。

【選択肢】

ア．QC 七つ道具　イ．新 QC 七つ道具　ウ．パート図法
エ．数値データ　オ．言語データ　カ．ヒストグラム
キ．マトリックス図法　ク．管理図　ケ．パレート図
コ．特性要因図　サ．系統図法　シ．親和図法
ス．工程能力図　セ．散布図　ソ．PDPC 法

【解答欄】

⑸4	⑸5	⑸6	⑸7	⑸8

【問題12】

管理図に関する次の各々の文章において，正しいものには○を，正しくないものには×を解答欄に記入せよ。

① $\overline{X}-R$ 管理図は，平均値の変化を管理する $\overline{X}$ 管理図とばらつきの変化を管理する R 管理図とで構成される。 ⑸9

② $\overline{X}$ 管理図は縦軸を平均値の値とし，工程が正常の場合などの予備データから求めた $\overline{X}$ の平均値 $\overline{\overline{X}}$ が中心線として実線の横線で記入される。 ⑹0

③ $\overline{X}$ 管理図には，工程が正常の場合などの予備データから求めた上方管理限界線 LCL と下方管理限界線 UCL とがそれぞれ破線の横線で記入される。 ⑹1

④ $\overline{X}-R$ 管理図は，計数値と計量値のうち，計量値を管理する場合に用いられる。 ⑹2

⑤ R 管理図には，工程が正常の場合などの予備データから求めた上方管理限界線と下方管理限界線とが，それぞれ破線の横線で必ず記入される。 ⑹3

【解答欄】

(59)	(60)	(61)	(62)	(63)

【問題13】

問題解決に関する次の文章において，(64)～(69)のそれぞれに対し最も適切なものを選択肢欄から選んでその記号を解答欄に記入せよ。ただし，同一の選択肢を複数回用いることはないものとする。

問題解決とは，[(64)]に対して，[(65)]を究明して特定し，[(66)]を立案して実施し，結果を確認する流れをとる。問題解決における[(65)]究明は，[(64)]の起きている領域と起きていない領域を区別しながら，[(64)]の起きている時間，場所，関係者などの5W1Hの観点から[(64)]領域を狭くしていくことが重要であるとされている。したがって，アプローチとしては[(67)](現象を事実によって分解する攻め方)，[(68)](事実を説明できる仮説はこれであるという攻め方）あるいは，[(69)](論理的にこれしかないという攻め方）な手法が取られることが多い。

【選択肢】

ア．課題　　イ．問題　　ウ．誘因
エ．原因　　オ．対応　　カ．対策
キ．客観的　　ク．主観的　　ケ．合理的
コ．分析的　　サ．分解的　　シ．設計的
ス．仮説発想的　　セ．仮説検証的　　ソ．本質的
タ．本来的　　チ．帰納的　　ツ．演繹的

【解答欄】

(64)	(65)	(66)	(67)	(68)	(69)

第4章

【問題14】

課題達成に関する次の文章において，(70)〜(75)のそれぞれに対し最も適切なものを選択肢欄から選んでその記号を解答欄に記入せよ。ただし，同一の選択肢を複数回用いることはないものとする。

課題達成とは，課題に対して，努力や技能を駆使して達成する活動とされている。現状よりもさらに高い[(70)]を目指そうという活動と言える。何をどのように目指すのかということが重要であり，それを達成するための[(71)]をどのように乗り越えるかが[(72)]である。したがって，[(73)]（企画・計画するアプローチ），[(74)]（アイデアが勝負であり，いかに良いアイデアを発想するかという攻め方），[(75)]（個々の具体的事実から法則性を見出す攻め方）な手法が取られることが多い。

【選択肢】

ア．ラベル	イ．レベル	ウ．サイクル
エ．ポイント	オ．障壁	カ．問題
キ．解析的	ク．分析的	ケ．設計的
コ．仮説検証的	サ．仮説発想的	シ．演繹的
ス．帰納的	セ．一般的	ソ．相対的

【解答欄】

(70)	(71)	(72)	(73)	(74)	(75)

【問題15】

正規分布に関する次の文章の(76)〜(82)に入るべき最も適切な記号を解答欄に記入せよ。なお，同一選択肢を複数回用いることはない。

正規分布は，[(76)]や誤差分布とも言われ，統計において最も重要な分布で，多くの統計量の分布などがこの形になる。次式は正規分布の[(77)]である。

$$f(x)=\frac{1}{\sqrt{2\pi}\sigma}\exp\left[-\frac{1}{2}\left(\frac{x-\mu}{\sigma}\right)^2\right]\cdots\cdots(1)$$

この式の分布を簡単に［ (78) ］と書くが，μは［ (79) ］，σ^2は［ (80) ］である。
$\mu=0$，$\sigma^2=1$の場合，即ち，［ (81) ］を標準正規分布という。

$$u=\frac{x-\mu}{\sigma}\cdots\cdots(2)$$

という式で変換すると，確率密度関数の式は，次のようになる。

$$f(u)=\boxed{(82)}\cdots\cdots(3)$$

【選択肢】

ア．ニュートン分布　イ．ガウス分布　ウ．平均値
エ．基準値　オ．分数　カ．分散
キ．$N(1,0)$　ク．$N(0,1)$　ケ．$N(0^2,1)$
コ．$N(0,1^2)$　サ．$N(\mu,\sigma)$　シ．$N(\sigma,\mu)$
ス．$N(\sigma^2,\mu)$　セ．$N(\mu,\sigma^2)$　ソ．$N(\mu^2,\sigma^2)$
タ．$\frac{1}{\sqrt{2\pi}}\exp\left(\frac{1}{2}u^2\right)$　チ．$\frac{1}{\sqrt{\pi}}\exp\left(-\frac{1}{2}u^2\right)$　ツ．$\frac{1}{\sqrt{2\pi}}\exp\left(-\frac{1}{2}u^2\right)$
テ．密度関数　ト．確率関数　ナ．確率密度関数

【解答欄】

(76)	(77)	(78)	(79)	(80)	(81)	(82)

第4章

模擬問題の解答

【問題1】

(1)	(2)	(3)	(4)	(5)	(6)
×	○	×	○	○	×

【問題2】

(7)	(8)	(9)	(10)	(11)
×	×	×	○	○

【問題3】

(12)	(13)	(14)	(15)	(16)
○	×	○	×	×

【問題4】

(17)	(18)	(19)	(20)	(21)
キ	エ	ア	イ	ク

【問題5】

(22)	(23)	(24)	(25)	(26)	(27)
ウ	オ	ア	イ	カ	エ

【問題6】

(28)	(29)	(30)	(31)	(32)
○	×	×	○	○

【問題7】

(33)	(34)	(35)	(36)	(37)
オ	イ	キ	ア	カ

【問題8】

(38)	(39)	(40)	(41)	(42)
○	○	×	×	×

【問題9】

(43)	(44)	(45)	(46)	(47)	(48)
イ	ア	ウ	カ	ウ	オ

【問題10】

(49)	(50)	(51)	(52)	(53)
N	S	S	X	N

【問題11】

(54)	(55)	(56)	(57)	(58)
ア	イ	エ	オ	コ

【問題12】

(59)	(60)	(61)	(62)	(63)
○	○	×	○	×

【問題13】

(64)	(65)	(66)	(67)	(68)	(69)
イ	エ	カ	コ	セ	ツ

【問題14】

(70)	(71)	(72)	(73)	(74)	(75)
イ	オ	エ	ケ	サ	ス

【問題15】

(76)	(77)	(78)	(79)	(80)	(81)	(82)
イ	ナ	セ	ウ	カ	コ	ツ

模擬問題の解説

（※解答も再掲いたしております）

問題１・解説

TQMの展開は，p 20の図１－１のように，お客様の要求を重視して，全員参加で，管理方法を（⑶のような断続的な形ではなくて）継続的に改善して行うことが基本となっています。⑴のトップダウンは，組織として必要な場合もありますが，製品の品質に直接結びつくものではありませんね。また，⑹のコストダウンも経営にとっては重要ですが，品質そのものではありません。

問題１・解答

⑴	⑵	⑶	⑷	⑸	⑹
×	○	×	○	○	×

問題２・解説

⑴　同じ社内や工場内であっても「後工程はお客様」という考え方が近年では定着してきています。「前工程はお客様」という言い方は基本的にありませんね。

⑵　「客」と呼ぶ呼び方も「お客様」と呼ぶ呼び方も，顧客あるいはユーザーということであって，それらの意味は同じですね。ただし，顧客やユーザーをどのくらい大事にしているか，という点で見ますと，呼び手の姿勢には基本的な違いが出てきているとみなされています。

⑶　品質管理の定義は，「売り手の要求に添った」ではなくて，「買い手の要求に合った」ということでなければなりません。「売り手の要求に添った」はプロダクトアウト，「買い手の要求に合った」がマーケットインということになります。

⑷　これは，記述のとおりです。各工程において「品質の作り込み」という考え方が，広く浸透してきています。

⑸　これも記述のとおりです。近年では，個別の品質要求を満たすことに絞った活動であるクオリティ・コントロールに対して，より広くとらえたクオリティ・マネジメントということで，改善活動や品質保証活動なども含んだ総

合的な活動として運用されるケースが増えてきています。

問題2・解答

(7)	(8)	(9)	(10)	(11)
×	×	×	○	○

問題3・解説

(1) 記述の通りです。ISO 9000：2005という表記における2005は，そのISOの制定年度を示すものです。JISになっても，JIS Q 9000：2006という記法が行われます。同じ内容であっても，ISOとJISで制定年度にずれがありうることに注意しましょう。

(2) これは誤りです。「Z」ではなくて，「Q」が使われます。例えば，ISO 9001に対応するJISは，JIS Q 9001と表記されています。

(3) これも記述の通りです。ISO 9000シリーズの規格のことを，複数形の形をとって，ISO 9000 sと書くことがあります。ISO 9000シリーズの規格をISO 9000ファミリー規格と呼ぶこともあります。

(4) 品質マネジメントシステムの基本および用語はISO 9001ではなくて，ISO 9000にあります。ISO 9001は，品質マネジメントシステムの要求事項がその内容となっていて，適用範囲，引用規格，用語および定義，品質マネジメントシステム，経営者の責任，資源の運用管理，製品実現，測定・分析および改善などの各項目からなっています。

(5) やや細かい話ですが，ISOは「国際標準機構」の略ではなくて，「国際標準化機構」の略となっています。「標準」と「標準化」を区別していますのでご注意下さい。

問題3・解答

(12)	(13)	(14)	(15)	(16)
○	×	○	×	×

問題4・解説

(1) 現時点の技術によって実現できる品質水準で，現在では一応満足されているレベルは品質標準といいます。通常は，製造部門に与えられます。

⑵　現在は実現できていない品質であるが，ある時期までに実現できることが期待される品質レベルを品質目標といいます。主に，研究部門や設計・技術部門などに与えられます。

⑶　品物を使用するときの使い良さのことを使用品質といいます。

⑷　品質のうち，人間の感覚によって判断されるものは官能特性といわれます。

⑸　直接に測定することが困難な品質特性を，別な品質特性で置き換えたものは，代用特性と呼ばれます。

問題4・解答

⒄	⒅	⒆	⒇	(21)
キ	エ	ア	イ	ク

問題5・解説

「散布図に層別できる情報が含まれていない」という表現は，データを分類する情報がないことを意味しています。また，正の相関を示す散布図とは，プロットされた点の集まりが右上がりの傾向を示すものをいいます。右上がりの傾向を正の相関といい，その程度が強いものを「強い正の相関」といいます。

⑴の散布図は，プロットされた点がすべて同じ種類の記号で打点されていますので，層別情報がないとみられます。また全体として右下がりにも左下がりにも見えませんので，相関は小さいものとみられます。

⑵の散布図には，プロットされている記号が2種類ありますので，層別をしようと思えば可能です。層別情報が含まれているとみられます。しかし，層別情報によって層別すると，層別されたそれぞれのグループでは相関がみられない散布図になります。

⑶の散布図は，散布図に層別できる情報が含まれていないものであって，強い正の相関を示す散布図と考えられます。正の相関を示す散布図とは，プロットされた点の集まりが右上がりの傾向を示すものをいいます。右上がりの傾向を正の相関といい，その程度が強いものを「強い正の相関」といいます。

⑷の散布図は，⑶の散布図とは逆に，散布図に層別できる情報が含まれていないものであって，強い負の相関を示す散布図になります。

⑸の散布図は，全体として相関がほとんどみられない散布図ではありますが，層別情報によって層別しますと，層別されたそれぞれのグループではそれぞれで強い正の相関がみられる散布図となります。

⑹の散布図は，散布図に層別できる情報が含まれているものですが，△の打点の並びも，□の打点の並びも特に相関を示しているようには見えませんね。層別しても特に相関の傾向が見受けられない散布図といえます。

問題5・解答

㉒	㉓	㉔	㉕	㉖	㉗
ウ	オ	ア	イ	カ	エ

問題6・解説

⑴　記述の通りです。相関係数がゼロに近いということは，相関が極めて弱いことを意味します。

⑵　この記述は誤りです。相関係数は基本的に単位を持ちません。無名数と呼ばれる数値です。

⑶　これも誤りです。相関係数は，通常－1から＋1までの範囲に入りますが，この範囲を外れることは絶対にありません。

⑷　相関係数の絶対値が大きい，つまり1に近いということは，相関が強いことを意味しています。

⑸　記述の通りです。二つの変量の間の関係を検討する際に，第三の変量の影響によって（第三の変量に支配されて）観測している二つの変量の間に相関関係が見えることがあります。これも相関の一種には違いないのですが，偽相関あるいは擬似相関と呼んで通常の相関とは区別することもあります。

問題6・解答

㉘	㉙	㉚	㉛	㉜
○	×	×	○	○

問題7・解説

⑴　円グラフは単純に（オ）の丸いグラフが該当しますね。

⑵　レーダーチャートは，レーダーの図形のようなものですので，（イ）が該当します。

⑶　ガントチャートとは聞きなれないかもしれませんね。帯グラフの仲間ですが，より具体的に（キ）のようなものになっています。

⑷　三角グラフは，三角座標によってプロット（打点）されるグラフです。（ア）になります。

⑸　ドーナツグラフも円グラフの仲間ではありますが，二重円グラフの形になっています。

問題7・解答

㉝	㉞	㉟	㊱	㊲
オ	イ	キ	ア	カ

問題8・解説

⑴　記述の通りです。QC 七つ道具はそのほとんどが数量データを扱うものとなっているが，一部に言語データを扱う手法も含まれています。具体的には，特性要因図（魚の骨図）は数量データではなくて，言語データをまとめるものです。

⑵　これも記述の通りです。パレート図やヒストグラムも，さらには散布図や管理図なども厳密にはグラフに属するものですが，七つ道具において通常はグラフとは独立に扱われます。

⑶　柱状図は，その手法もグラフもヒストグラムといいます。ヒストグラフという用語は通常使いません。

⑷　分野によって，あるいは，対象内容によって片方が多く現れることもありえるかもしれませんが，一般論として右絶壁型よりも左絶壁型のほうが一般に多く現れることはありません。

⑸　特性要因図において，目的とする特性や課題に直結する背骨は本来１本だけが記載されます。これに対して複数の大骨の矢線が付けられます。

問題8・解答

(38)	(39)	(40)	(41)	(42)
○	○	×	×	×

問題9・解説

(1) この散布図のように右下がりの一直線上に点が並ぶ場合には，相関係数はほぼ－１となります。

(2) (1)とほぼ同様で，この散布図のように右上がりの一直線上に点が並ぶ場合には，相関係数はほぼ１となります。

(3) この散布図では，打点の傾向が右上がりにも右下がりにも見えませんので，このような場合の相関係数はほぼ０です。

(4) この散布図は右上がりの傾向が見えますが，一直線上に点が並んでいる場合からは多少のばらつきがありますので，相関係数は１よりやや小さいものになります。相関係数は0.8～0.9程度になります。

(5) この散布図は，放物線のように点が並んでいる形ですので，xとyの間に一定の関係性があることは確かですが，全体として右上がりにも右下がりにも見えませんので，このような場合も相関係数はほぼ０です。

(6) この散布図は右下がりの傾向が見えるものの，一直線上に点が並んでいる場合からは多少のばらつきがありますので，相関係数はマイナスで，その絶対値は１よりやや小さいものになります。したがって，相関係数は－0.8～－0.9程度になります。

問題9・解答

(43)	(44)	(45)	(46)	(47)	(48)
イ	ア	ウ	カ	ウ	オ

問題10・解説

QC 七つ道具と新 QC 七つ道具の違いを確認しておきましょう。

(1) PDPC 法は新七つ道具ですね。

(2) 特性要因図は，魚の骨図ともいわれる手法で，七つ道具です。

(3) チェックシートも，やはり七つ道具ですね。

⑷　三角図法は，三角法ともいわれるもので，製図方式の一種です。直接にはQCとは関係がありませんね。

⑸　アロー・ダイヤグラム法は，別名がPERT図法ともいわれるもので，新七つ道具に属します。

問題10・解答

⒁⒆	⒂⒇	⒂⑴	⒂⑵	⒂⑶
N	S	S	X	N

問題11・解説

それぞれの□に正解となる用語を入れて，あらためて文章を掲載すると，次のようになります。数値データと言語データの扱いの差について確認しておいて下さい。

品質管理の検討などに広く用いられている手法を整理したものに，QC七つ道具および新QC七つ道具がある。QC七つ道具は主に数値データを扱う手法であり，新QC七つ道具は主に言語データを扱うものとなっているが，例外的にQC七つ道具には言語データを扱う特性要因図（別名として俗に魚の骨図ともいわれる方法）があり，また，新QC七つ道具にも数値データを扱うマトリックスデータ解析法がある。

問題11・解答

(54)	(55)	(56)	(57)	(58)
ア	イ	エ	オ	コ

問題12・解説

⑴　記述の通りです。$\overline{X}-R$管理図は，平均値の変化を管理する$\overline{X}$管理図とばらつきの変化を管理するR管理図とで構成されます。

⑵　これも記述の通りです。$\overline{X}$管理図は縦軸を平均値の値とし，工程が正常の場合などの予備データから求めた$\overline{X}$の平均値$\overline{\overline{X}}$が中心線として実線の横線で

記入されます。

(3) $\overline{X}$管理図には，工程が正常の場合などの予備データから求めた上方管理限界線と下方管理限界線とがそれぞれ破線の横線で記入されることは正しいのですが，上方管理限界線がUCL，下方管理限界線がLCLですので，この部分は入れ替わっています。

(4) 記述の通りです。$\overline{X}-R$管理図は，計数値と計量値のうち，計量値を管理する場合に用いられます。

(5) R管理図には，工程が正常の場合などの予備データから求めた上方管理限界線と下方管理限界線とが，それぞれ破線の横線で記入されるのですが，データの大きさnが6以下である場合には下方管理限界線は記入されません。「必ず記入される」という記述は誤りとなります。

第4章

問題12・解答

(59)	(60)	(61)	(62)	(63)
○	○	×	○	×

問題13・解説

それぞれの□に正解となる用語を入れて，あらためて文章を掲載しますと，次のようになります。問題解決や課題達成の主旨を十分に確認しておいて下さい。

問題解決とは，**問題**に対して，**原因**を究明して特定し，**対策**を立案して実施し，結果を確認する流れをとる。問題解決における原因究明は，問題の起きている領域と起きていない領域を区別しながら，問題の起きている時間，場所，関係者などの5W1Hの観点から問題領域を狭くしていくことが重要であるとされている。したがって，アプローチとしては**分析的**（現象を事実によって分解する攻め方），**仮説検証的**（事実を説明できる仮説はこれであるという攻め方）あるいは，**演繹的**（論理的にこれしかないという攻め方）な手法が取られることが多い。

問題13・解答

(64)	(65)	(66)	(67)	(68)	(69)
イ	エ	カ	コ	セ	ツ

問題14・解説

それぞれの［　　］に正解となる用語を入れて，あらためて文章を掲載しますと，次のようになります。問題解決や課題達成の主旨を十分に確認しておいて下さい。

> 課題達成とは，課題に対して，努力や技能を駆使して達成する活動とされている。現状よりもさらに高い**レベル**を目指そうという活動と言える。何をどのように目指すのかということが重要であり，それを達成するための**障壁**をどのように乗り越えるかが**ポイント**である。したがって，**設計的**（企画・計画するアプローチ），**仮説発想的**（アイデアが勝負であり，いかに良いアイデアを発想するかという攻め方），**帰納的**（個々の具体的事実から法則性を見出す攻め方）な手法が取られることが多い。

問題14・解答

(70)	(71)	(72)	(73)	(74)	(75)
イ	オ	エ	ケ	サ	ス

問題15・解説

正規分布は，ガウス分布，あるいは，誤差分布とも言われ，統計において最も重要な分布で，多くの統計量の分布などがこの形になります。次式は正規分布の確率密度関数です。

$$f(x)=\frac{1}{\sqrt{2\pi}\sigma}\mathrm{esp}\left\{-\frac{1}{2}\left(\frac{x-\mu}{\sigma}\right)^2\right\}\cdots\cdots(1)$$

この式の分布を簡単に$N(\mu,\ \sigma^2)$と書きますが，μは平均値，σ^2は分散です。$\mu=0$，$\sigma=1$の場合，即ち，$N(0, 1^2)$を**標準正規分布**といいます。

いま，仮に，

$$u=\frac{x-\mu}{\sigma}\cdots\cdots(2)$$

という式で変換しますと，確率密度関数の式は，

$$f(u)=\frac{1}{\sqrt{2\pi}}\exp\left(-\frac{1}{2}u^{2}\right)\cdots\cdots(3)$$

となります。これは，一般の正規分布が変換式(2)によって，標準正規分布に変換されることを意味します。

問題15・解答

(76)	(77)	(78)	(79)	(80)	(81)	(82)
イ	ナ	セ	ウ	カ	コ	ツ

模擬問題はこれで終わりです。
ほんとうにおつかれさまでした。

索　引

数字

アルファベット

A

B

C

D

E

F

G

H

I

J

K

L

M

N

P

Q

R

索引

著者

福井　清輔（ふくい　せいすけ）

＜略歴および資格＞

福井県出身，東京大学工学部卒業，および，同大学院修了，工学博士

＜著作＞

・「＜甲種＞これだけ！危険物試験合格大作戦」（弘文社）
・「＜乙種４類＞これだけ！危険物試験合格大作戦」（弘文社，共著）
・「＜乙種総合＞これだけ！危険物試験合格大作戦」（弘文社，共著）

・「わかりやすい＜第２種＞冷凍機械責任者試験」（弘文社）
・「わかりやすい＜第３種＞冷凍機械責任者試験」（弘文社）
・「これだけ！＜２種＞冷凍機械合格大作戦」（弘文社）
・「これだけ！＜３種＞冷凍機械合格大作戦」（弘文社）

・「わかりやすい＜１級＞ボイラー技士試験」（弘文社）
・「わかりやすい＜２級＞ボイラー技士試験」（弘文社）
・「これだけ！＜１級＞ボイラー技士試験合格大作戦」（弘文社）
・「これだけ！＜２級＞ボイラー技士試験合格大作戦」（弘文社）
・「最速合格！＜１級＞ボイラー技士」（弘文社）
・「最速合格！＜２級＞ボイラー技士」（弘文社）

・「よくわかる＜２級＞QC 検定合格テキスト」（弘文社）
・「よくわかる＜３級＞QC 検定合格テキスト」（弘文社）
・「よくわかる＜４級＞QC 検定合格テキスト」（弘文社）

・「実力養成！＜２級＞QC 検定合格問題集」（弘文社）
・「実力養成！＜４級＞QC 検定合格問題集」（弘文社）

・「＜２級＞QC 検定直前実力テスト」（弘文社）
・「＜３級＞QC 検定直前実力テスト」（弘文社）
・「＜４級＞QC 検定直前実力テスト」（弘文社）

本書の内容に関する問い合わせについては，明らかに内容に不備がある，と思われる部分のみに限らせていただいておりますので，よろしくお願いいたします。

また，お問い合わせの際は，Eメール（またはファックスか封書）にてお願いいたします。

Eメール　henshu1@kobunsha.org
FAX　06-6702-4732

実力養成！

3級 QC検定® 合格問題集

著　　者　福井清輔（ふくいせいすけ）

印刷・製本　亜細亜印刷株式会社

発行所　株式会社　弘文社

〒546-0012 大阪市東住吉区中野2丁目1番27号
☎ (06)6797-7441
FAX (06)6702-4732
振替口座 00940-2-43630
東住吉郵便局私書箱1号

代表者　岡崎　靖

落丁・乱丁本はお取り替えいたします。

好評既刊のご案内

よくわかる 3級QC検定 合格テキスト

品質管理検定学習書
基礎から合格までの道しるべ
丁寧な解説と豊富な問題
この一冊で合格できる！

本書は，各項目についてイラストや図表をふんだんに用い，試験で問われるポイントをわかりやすく解説。初心者や独習者でもスムーズに重要事項が把握できます。確認問題で基本的な事柄をチェックした後，精選した実戦問題に取り組みます。それぞれの問題も丁寧にわかりやすく解説。無理なくステップアップし，効率的に合格ラインを突破することが可能です。重要度マークやポイントアドバイスなどの工夫も満載。巻末の模擬問題で，試験対策は万全です。

編著　福井清輔
定価　（本体2,000円＋税）
A5判
224ページ

主要目次

MEMO

MEMO